低碳耐久聚醚型聚氨酯混凝土
铺装材料开发及工程应用

徐世法　韩秉烨　张　然　于业宁　亓　帅　孟祥武　等　著

人民交通出版社

北　京

内 容 提 要

本书系统地介绍了低碳耐久聚醚型聚氨酯混凝土铺装材料的研发与应用技术,主要内容包括:绪论、聚醚型聚氨酯胶结料的开发及固化机理研究、密级配聚醚型聚氨酯混凝土铺装材料的开发、大孔隙聚醚型聚氨酯混合料铺装材料的开发、聚醚型聚氨酯混凝土的成型与压实时机、聚氨酯混凝土的养生与开放交通时机、聚氨酯混凝土防水黏结层的开发及性能评价、聚醚型聚氨酯混凝土施工技术、工程案例等。

本书适合从事混凝土材料研究的科研人员阅读,也可供从事混凝土工程设计、施工、管理的技术人员参考使用。

图书在版编目(CIP)数据

低碳耐久聚醚型聚氨酯混凝土铺装材料开发及工程应用 / 徐世法等著. — 北京:人民交通出版社股份有限公司,2025.1. — ISBN 978-7-114-19663-8

Ⅰ. TU56

中国国家版本馆 CIP 数据核字第 20241L6S37 号

Ditan Naijiu Jumixing Ju'anzhi Hunningtu Puzhuang Cailiao Kaifa ji Gongcheng Yingyong

书　　名:低碳耐久聚醚型聚氨酯混凝土铺装材料开发及工程应用
著 作 者:徐世法　韩秉烨　张　然　于业宁　亓　帅　孟祥武　等
责任编辑:周佳楠　李　农　石　遥
责任校对:赵媛媛　魏佳宁
责任印制:刘高彤
出版发行:人民交通出版社
地　　址:(100011)北京市朝阳区安定门外外馆斜街 3 号
网　　址:http://www.ccpcl.com.cn
销售电话:(010)85285857
总 经 销:人民交通出版社发行部
经　　销:各地新华书店
印　　刷:北京市密东印刷有限公司
开　　本:787×1092　1/16
印　　张:12.5
字　　数:234 千
版　　次:2025 年 1 月　第 1 版
印　　次:2025 年 1 月　第 1 次印刷
书　　号:ISBN 978-7-114-19663-8
定　　价:90.00 元

(有印刷、装订质量问题的图书,由本社负责调换)

本书撰写组

组　　　长：徐世法　韩秉烨　张　然　于业宁　亓　帅

副 组 长：孟祥武　许　萌　邓如意　范立嘉　任正南

成　　　员：柳泓哲　任小遇　彭　庚　刘圣洁　李章辉

　　　　　　郭倩芸　张　强　刘　旆　徐　欣　王晓晓

　　　　　　薛晓飞　马昊天　贺华维　洪　刚　周小光

　　　　　　王少朋　宿利平　王　晶　康　峰　李　根

　　　　　　陈　涛　张宝亮　孙晓明　李　杰　朱鸿章

　　　　　　贾　川　马藏骏　王　浩　赵　京　韩昊岳

　　　　　　皮海涛　杨鹏辉　张海啸　周叶飞　陆海军

　　　　　　申小军　肖槐平　王志辉　刘月丽　梁恒健

　　　　　　阮　平　张子谦　梁凌子　房　聪　李　泽

　　　　　　张绍源　代　雷　卢兆洋　赵自越　刘钟达

　　　　　　范钟亓　张弦弛　段雨阳　赵禹昆　田腾龙

FOREWORD | 致敬老孟（代为序）

八年前的一个周末，我与三两个朋友一起玩耍，邂逅了一位"老汉"。当时看来，这位"老汉"球技了得，人也实在厚道。虽然他烟不离口的习惯让我本能地不悦，但看得出，他的内心远比长相年轻，有股不甘平庸的劲儿。总之，初次见面的总体印象说不上喜欢，也说不上讨厌。

后来，我们又一起耍了几次，才慢慢了解到，这位"老汉"原来跟我同龄，只是年长我几个月，他自称为孟子的后代，我也就习惯性地喊他老孟。据说，其夫人经营着一个由他创办的"夫妻老婆店"，该店在当地颇有些影响。由此可知，老孟已过上了衣食无忧的"大康"生活了。再后来，了解到老孟居然正在带着一群"乌合之众"，自发且自费地研发号称为"Rubberstone"的特大型桥梁钢桥面板铺装材料。业内人员都深知，这可是个世界性难题！看来，老孟的确是"心比天高"！

深聊后方知，老孟是在参观世纪工程——港珠澳大桥时受到了刺激！他当时听技术人员介绍，特大型桥梁钢桥面板上的铺装层虽然才几公分厚，但造价昂贵，其中关键组分材料还受制于国外产品，而且铺装层使用年限较短，导致维修频繁，无疑是制约大桥建设的关键技术瓶颈。言者无意，听者有心。这番话激发了老孟的家国情怀，当即决定要为交通建设做些事情。心急等不了热豆腐，说干就干！老孟便发动亲朋好友筹得资金，带着一帮"热血志士"开始了捣鼓"Rubberstone"这一中国发明创造的"壮举"。

也就是因为这一点，我彻底改变了对老孟的看法，甚至连他"烟不离口"也不觉得那么生厌了。称呼他时，口气也明显地增加了几分敬重。经不起老孟"四顾茅庐"式的真诚相邀，我也义无反顾地加入了"狂人"的行列，从此便开始了属于我们自己"狂人日记"的撰写。

我俩还真有点珠联璧合，怀揣着"不鸣则已，一鸣惊人"的幻想，全身心投入到我们戏称为"中国第五大发明"的材料研发中。研发一个"无中生有"的新材料并不难，难的是能够"落地开花"。而核心则是从胶结材料到混凝土材料再到铺装施工三要素之间不断调试与磨合的螺旋式前进。其间，我们深切体会到牵一发而动全身的苦痛，也历尽了屡试屡败的挫折，但内心的执拗却从未动摇过，我们相信滴水必能穿石！就这样在失败和再失败中熬过了一年又一年，但每一次失败都会让我们感觉离成功越来越近。也许是上苍的眷顾，终于，随着一个个难题被攻克，钢桥面铺装材料体系中的一个新材料顺利诞生。

　　这种新材料的核心是聚醚型聚氨酯结合料，辅之传统的矿物集料和其他添加剂共同组成。其显著特点是疲劳性能指标、高低温性能指标等是传统改性沥青混合料相关性能指标的数倍，且可冷拌冷铺，无须加热。更难能可贵的是，它可以采用常规的沥青混合料生产、施工设备及工艺。因此，可以说这种新材料彻底克服了传统沥青基铺装材料能耗高、污染重、寿命短的缺点，有望成为特大型桥梁、飞机跑道、长大隧道等铺装层新一代低碳耐久型材料的代表和引领者。

　　行百里者半九十！实验室内任何的仿真模拟与检测评价，充其量不过是纸上谈兵，只有经过实体工程及时间的验证，才能断定其是否真金不怕火炼。

　　接下来的挑战更为艰巨，对于"无中生有"的新材料，谁会做第一个吃螃蟹的人？纵使有人敢吃，我们敢让他吃吗？每每遇到这种情形，内心里"To be or not to be? That is a question!"的哈姆雷特之问就会反复上演。彷徨、焦虑和举棋不定成了常态，就好似宝贝女儿要远嫁似的。

　　所幸，这种新材料也遇到了几位贵人！这些务实、担当又有情怀的决策者，毅然充当了第一个吃螃蟹的人！这才使得新材料先后应用在高速公路路面上、水泥混凝土桥面板铺装层上、新建钢桥面板铺装层上以及既有钢桥面板铺装层更新及维修上，并且在其所铺设之处成功实践。每每想到这些，内心总是激涌着感动与感恩，正是他们，才让这个"无中生有"的新材料开始落地生根，开花结果，散种繁衍。在我心里，不夸张地说，他们才是交通事业不断发展的动力。

　　这在某种程度上实现了老孟最基本的初衷和愿望！当然，不应该也不能忘记的是所有参与过、支持过和关注过该技术研发的人，其中，不乏行业领导、专家、普通从业者、亲朋好友和家人，也不乏课题组的老师和可亲可爱、无怨无悔、不离不弃地奋战在实验室和工地的同学们,是大家的携手并肩,同甘共苦,才使得我们初步做到了"无中生有"。

诚然,成果初步落地,不足以窃喜,这只是万里长征的第一步。这,绝非终点,而是新的起点! 新材料要想在国内遍地开花并沿着"一带一路"冲出亚洲,走向世界,路漫漫其修远兮。

身为一名教书匠,也是新材料的倡导者之一,我多少有些自知之明。尽管对新材料的未来满怀期盼,甚至是厚望抑或奢望,内心深处也不缺少略带无奈但绝不放弃的坚韧,甚至时而有些呐喊的冲动,但也深切感受到变革创新的探索之路难于蜀道。我能做得更多的是期盼,希望看到本书而又感兴趣的读者帮忙做些推介,让更多的人了解到铺装材料中属于我们自己的"无中生有"。

期待在不久的将来,国际工程界有人会说:"Rubberstone,中国智慧!"

让我们期待这一天的早日到来。最起码,让我们给期待一个开始。

正如一首歌里所唱,"这世界有那么多人,多幸运我有个我们"。

谨以此书,向孟老汉——孟祥武大哥致敬!

2022 年 11 月 24 日

PREFACE | 前　言

当前,我国长大桥梁、隧道、机场跑道等特种铺装工程的材料多为热拌沥青混凝土,但存在高能耗和高污染的问题。同时,沥青混凝土本身具有高温易软化、低温易脆裂、遇水易松散等缺陷,在长期服役过程中病害频发,难以满足我国特种铺装工程对材料的高性能与长寿命要求。因此,研发一种低碳且耐久的新型铺装材料就显得尤为重要。

本书系统地介绍了低碳耐久聚醚型聚氨酯混凝土(Polyether Polyurethane Concrete,PC)铺装材料的研发与应用技术。基于特种铺装工程对胶结料的技术要求,采用多异氰酸酯及不结晶聚醚多元醇等多种原材料,通过调控分子量,研发了一种可以完全替代沥青的高分子聚合物——单组分聚醚型聚氨酯(Polyether Polyurethane,PPU)。以PPU为胶结料,以矿料为集料,开发了一种高温稳定性、低温抗裂性和疲劳寿命为同级配环氧沥青混凝土3倍以上的密级配PC。此外,为满足不同铺装场景的功能需求,还开发了一种空隙率为18%～25%且性能优于同级配开级配抗滑磨耗层(OGFC)沥青混凝土的大孔隙聚醚型聚氨酯混合料(Porous Polyurethane Mixture,PPM)。所开发的新材料节能环保,可利用现有沥青混凝土的生产与施工设备在常温下进行拌和、摊铺和碾压,实现了铺装材料的冷拌冷铺,环境和经济效益显著。

在材料开发过程中,对相关的固化机理与强度形成规律等科学问题和关键技术进行了深入研究。通过微观试验、室内宏观试验以及加速加载试验等不同维度的试验方法,揭示了PPU的固化机理以及温度、湿度、催化剂用量、静置时间等因素对PC强度的影响规律,确定了压实时机和开放交通时机的判定标准,并建立了相应预测模型,为材料的生产与应用奠定了基础。

最后,对层间处治技术及铺装层施工关键技术进行了研究,并结合新建钢桥面铺装、钢桥面维修、水泥混凝土桥面铺装以及水泥混凝土路面罩面等工程案例,详细介绍了 PC 铺装体系成套技术的应用。

  本书在成书过程中,虽经反复推敲,仍难免存在纰漏,敬请广大读者批评指正!

作 者

2022 年 11 月

CONTENTS | 目　　录

5 聚醚型聚氨酯混凝土的成型与压实时机

6 聚氨酯混凝土的养生与开放交通时机

7　聚氨酯混凝土防水黏结层的开发及性能评价

8　聚醚型聚氨酯混凝土施工技术

9 工程案例

1

绪论

目前,交通设施铺装层大多为沥青基材料。该类材料存在寿命短、污染重的缺陷,难以满足特大钢桥、水泥混凝土桥、机场跑道和长大隧道等特种结构对铺装材料的要求。因此,亟须开发一种低碳耐久的新型铺装材料。本书分析了沥青基铺装材料及高分子聚合物混凝土的技术现状,结合特种结构对铺装材料的使用寿命和节能减排的预期,提出了 PC 铺装体系的技术要求。

1.1　特种结构柔性铺装材料的技术现状

交通基础设施是国民经济发展的重要支柱,也是我国"交通强国"发展战略的重要载体。随着"交通强国"发展战略的加快推进,我国建成了大量的桥梁、机场、隧道等重要的交通基础设施,这些特种结构承担着繁重的交通量及荷载,其铺装层对材料耐久性和施工便捷性有着越来越高的要求。然而,传统的沥青基铺装材料由于其使用寿命短、维修频繁、污染重,难以满足特种结构铺装层的使用要求。随着对 PC 材料研究的不断深入,其强度高、感温性低、耐久性好、生产和施工节能环保等优势逐渐被业内人员所认知,这为低碳耐久型铺装材料的开发及应用开辟了新的探索方向。

1.1.1　沥青基铺装材料存在的主要问题

(1)桥面铺装。

长大桥梁是交通基础设施的关键组成部分,其能否正常使用直接影响着交通网的运作效率与安全。桥面铺装层是桥梁的重要部分,其主要功能为抗磨耗、抗滑和防水防腐。由于桥面铺装层对极端气候和重载交通的影响更为敏感,跟路面铺装层相比,沥青基桥面铺装层更易产生车辙、推移、开裂、空槽等病害,即使综合性能最优的环氧沥青混凝土铺装层,也往往由于刚度偏高、层间黏结失效等原因产生早期损坏,从而导致维修频繁(维修频率通常为 5 年左右,一般不超过 10 年)。这不仅干扰了正常的交通运行,造成了大量的材料浪费和环境污染,更对桥面结构(尤其是钢桥面结构)造成了严重的损伤。

(2)机场道面铺装。

机场跑道是航空运输的重要组成部分,机场道面能否正常运行直接影响着航空运输的效能和安全。目前,我国机场道面初建时多采用水泥混凝土铺装,维修时由于不停航施工的需要,多采用沥青混凝土黑色罩面,近年来也开始直接修筑沥青混凝土新建道面。随着航空交通量及大型飞机比例的逐渐增加,重载和高胎压对机场道面的使用寿命产生了严重的影响。由于沥青混凝土铺装层的轮辙、推移及开裂等病害导致道面维修频繁（维修频率通常为 5～10 年），不仅影响了航空交通的正常运行和安全，还造成了大量的材料浪费以及热拌沥青混凝土生产和施工过程中的环境污染，远远满足不了航空运输行业对道面铺装材料环保及耐久性的迫切需求。

（3）隧道路面铺装。

长大隧道是路网的"咽喉"部位，其路面铺装能否正常使用直接影响着路网的运营安全和效率。传统的沥青基铺装材料存在高温易软化、低温易开裂、遇水易松散和抗疲劳能力不足等缺陷，导致隧道路面维修频繁（维修频率通常为 8～10 年），造成了严重的材料浪费和安全隐患。由于隧道处于封闭环境中，通风不畅，进行热拌沥青混凝土施工时，会产生大量的烟雾和有害气体，影响施工安全和施工人员的健康。因此，亟须开发耐久型低排放隧道路面铺装材料。

（4）特殊路段路面铺装材料。

在重交通道路交叉口、长大纵坡、公交港湾、快速公交系统（BRT）专用道及透水路面等特殊路段，由于车辆启动、制动、等待以及渠化交通等作用，沥青铺装层车辙、推移、开裂、松散等病害频发，导致维修频繁（维修频率短则 1 年，长不过 5 年），造成了严重的资源浪费和交通干扰，严重影响了运行效率和安全。因此，亟须研发适应于特殊路段特别需求的铺装材料。

综上所述，对于交通基础设施的特种结构和特殊路段，传统的沥青基铺装材料寿命短、污染重，不能满足交通基础设施的特种结构和特殊路段对铺装材料耐久性与环保性的需求，亟须开发低碳耐久的铺装材料。

1.1.2 聚氨酯混凝土技术现状

聚氨酯混凝土作为一种新型建筑材料，已在建筑工程中广泛应用。20 世纪末，聚氨酯混凝土因其防水性能及抗腐蚀性能优越而开始广泛应用于路面的快速修补，如裂缝注浆及坑槽填补等[1]。但是，对于聚氨酯混凝土用作特大型桥梁、机场道面及隧道等特种结构铺装材料的研究很少。近年来，随着对重交通铺装层环保及耐久性要求的不断提高，以及对聚氨酯混凝土铺装材料性能了解的不断深入，该材料逐渐成为国内外研究的热点。

Lu 等[2-3]、李添帅等[4]用陶瓷集料代替天然集料，以生物基聚氨酯为胶结料开发了透水路面材料。室内试验证明，该材料具有良好的力学性能和功能特性。

王火明、李汝凯等[5-7]研发了多孔隙聚氨酯碎石混合料。室内试验结果表明，该材料具有优异的抗压强度和较好的抗变形、抗滑及耐久性能,但在水稳定性方面表现一般。

Chen 等[8]开发了一种具有除冰防冰效果的聚氨酯混凝土铺装材料。室内试验结果表明,该材料的导热系数与沥青混凝土相近,但比热容更大,能明显延缓结冰时间,有助于对冬季路面安全性能的提升。

仝玎朔[9]对聚氨酯橡胶颗粒混合料的性能及除冰效果进行了评价。室内试验及仿真分析结果表明,在较高的胶石比及适量的橡胶颗粒掺量下,该材料具有良好的路用性能,随着模量的减小,冰层内部的最大拉应力和最大剪应力呈增大趋势,说明模量较小的聚氨酯弹性层具有较好的除冰效果。

Min 等[10-11]开发了一种高性能冷拌聚氨酯混合料,并将其与沥青玛琋脂碎石混合料(SMA)进行了对比。室内试验结果表明,聚氨酯混合料的动稳定度和最大破坏弯曲应变分别约为 SMA 的 7.5 倍和 2.3 倍,且具有较好的长期抗水损害能力。

Lu 等[12-14]对透水聚氨酯混凝土路面的动态力学响应进行了分析与评价,并在德国的园区道路进行了小规模的工程应用。

由此可见,目前国内外对聚氨酯混凝土铺装材料的研究主要集中在材料研发及性能与功能的室内试验评价方面,对于其施工和易性及施工工艺等工程应用技术方面的研究较少,实体工程应用案例更是屈指可数。主要原因在于,目前的研究大多数是针对双组分聚氨酯材料,该材料固化时间短、强度形成快,但施工容留时间难以控制,因而需要专用设备进行拌和生产与施工,制约了该材料的应用。

鉴于此,北京建筑大学课题组[15-30]基于材料路用性能及施工和易性的平衡,开发了单组分的聚醚型聚氨酯(PPU)及其混凝土(PC)。试验评价表明,该材料的路用性能为传统沥青基铺装材料的 5 倍以上,强度形成速度可调控,从而确保了施工和易性。此外,该材料可以采用传统的热拌沥青混凝土相关设备进行生产与施工,并且矿料无须加热,实现了冷拌冷铺施工作业。目前,该材料已经在北京市房山区良常路务滋村大桥钢桥面铺装、北京市昌平区西关环岛钢桥桥面维修、河南省濮阳市台辉高速公路水泥路面铺装等工程中成功应用,服役效果良好。

综上所述,聚氨酯混凝土在提升铺装层的性能及功能方面效果明显,但其施工和易性有待进一步优化。根据现有的数据对比结果可见,与其他材料相比,PC 兼具优异的路用性能、施工和易性及环保性能,更适用于重交通特种结构的铺装,有望成为新一代低碳耐久型铺装材料。

1.2 PC 铺装体系的技术要求

PC 铺装体系由 PC 铺装层和防水黏结层组成。根据重交通特种结构和特殊路段铺装层的使用要求,结合大量的国内外调研分析、室内外试验结果及实体工程经验,针对 PC 材料的性能特点以及对于铺装材料耐久性和环保性的预期,本书提出了不同应用场景下的 PC 铺装层材料和防水黏结层材料的技术要求。

1.2.1 PC 铺装材料的技术要求

1.2.1.1 PPU 胶结料

PPU 胶结料质量应符合表 1-1 的规定[30-33]。

PPU 胶结料   表 1-1

试验项目	单位	技术要求	试验方法
密度	g/cm³	实测	GB/T 4472
吸水率	%	≤4	GB/T 1034
拉伸强度(25℃,用于桥面)	MPa	≥5.0	GB/T 16777
拉伸强度(25℃,用于道路及隧道)	MPa	≥3.0	

1.2.1.2 PC

(1)钢桥面 PC 性能技术要求见表 1-2[34-36]。

钢桥面 PC 性能技术要求   表 1-2

试验项目	单位	技术要求	试验方法
空隙率	%	2.0 ~ 3.5	JTG E20 T 0706
动稳定度(60℃,0.7MPa)	次/mm	≥50000	JTG E20 T 0719
低温弯曲破坏应变(−10℃,50mm/min)	με	≥12000	JTG E20 T 0715
剩余冻融劈裂强度	MPa	≥1.0	JTG E20 T 0729
渗水系数	mL/min	≤50	JTG E20 T 0730
摩擦系数摆值	—	≥45	JTG E20 T 0964
构造深度	mm	≥0.55	JTG E20 T 0731

（2）水泥混凝土桥面 PC 性能技术要求见表 1-3。

水泥混凝土桥面 PC 性能技术要求 表 1-3

试验项目	单位	技术要求	试验方法
空隙率	%	2.0 ~ 3.5	JTG E20 T 0706
动稳定度（60℃,0.7MPa）	次/mm	≥30000	JTG E20 T 0719
低温弯曲破坏应变（－10℃,50mm/min）	με	≥10000	JTG E20 T 0715
剩余冻融劈裂强度	MPa	≥0.8	JTG E20 T 0729
渗水系数	mL/min	≤50	JTG E20 T 0730
摩擦系数摆值	—	≥45	JTG E20 T 0964
构造深度	mm	≥0.55	JTG E20 T 0731

（3）特殊路段及隧道路面 PC 性能技术要求见表 1-4。

特殊路段及隧道路面 PC 性能技术要求 表 1-4

试验项目	单位	技术要求	试验方法
空隙率	%	2.0 ~ 3.5	JTG E20 T 0706
动稳定度（60℃,0.7MPa）	次/mm	≥25000	JTG E20 T 0719
低温弯曲破坏应变（－10℃,50mm/min）	με	≥8000	JTG E20 T 0715
剩余冻融劈裂强度	MPa	≥0.6	JTG E20 T 0729
渗水系数	mL/min	≤50	JTG E20 T 0730
摩擦系数摆值	—	≥45	JTG E20 T 0964
构造深度	mm	≥0.55	JTG E20 T 0731

（4）PPM 性能技术要求应符合表 1-5 的规定。

PPM 性能技术要求 表 1-5

试验项目	单位	技术要求	试验方法
空隙率	%	18 ~ 25	JTG E20 T 0705
动稳定度（60℃,0.7MPa）	次/mm	≥25000	JTG E20 T 0719
肯特堡飞散损失	%	≤5	JTG E20 T 0733
摩擦系数摆值（BPN）	—	≥60 或符合设计要求	JTG E20 T 0964

1.2.2　聚合物防水黏结层技术要求

聚合物防水黏结层技术要求应符合表 1-6 和表 1-7 的规定。

用于桥面的聚合物防水黏结层技术要求 表1-6

试验项目	单位	技术要求	试验方法
剪切强度(25℃)	MPa	≥4.0	JTG/T 3364-02 附录 C
拉拔强度(25℃)	MPa	≥2.0	JTG/T 3364-02 附录 B
断裂伸长率	%	≥150	GB/T 16777
透水性(0.3MPa,24h)	—	不透水	
表干时间(25℃)	min	≤100	
实干时间(25℃)	h	≤25	

用于特殊路段、隧道及人行天桥的聚合物防水黏结层技术要求 表1-7

试验项目	单位	技术要求	试验方法
剪切强度(25℃)	MPa	≥3.0	JTG/T 3364-02 附录 C
拉拔强度(25℃)	MPa	≥1.0	JTG/T 3364-02 附录 B
断裂伸长率	%	≥130	GB/T 16777
透水性(0.3MPa,24h)	—	不透水	
表干时间(25℃)	min	≤100	
实干时间(25℃)	h	≤25	

1.3 本章小结

本书对目前特种结构和特殊路段铺装材料存在的问题和聚氨酯混凝土铺装材料的国内外研究及应用现状进行了总结,相比于现有的聚氨酯材料,本书研究的 PC 能够兼顾路用性能和施工和易性的平衡,为解决现有铺装材料寿命短、污染重的难题提供了一种可能的方案。最后,根据重交通对铺装材料低碳耐久的需求和前期相关研究与应用的成果,确定了 PC 铺装体系的技术要求。

本章参考文献

[1] 吴若冰,王熙. 聚氨酯基道路修补材料的研究进展[J]. 材料科学与工程学报,2021,39(1):164-166,163.

[2] LU G Y, LIU P F, WANG Y H, et al. Development of a sustainable pervious pavement

material using recycled ceramic aggregate and bio-based polyurethane binder[J]. Journal of Cleaner Production,2019,220:1052-1060.

［3］ LU G Y, LIU P F,TÖRZS T,et al. Numerical analysis for the influence of saturation on the base course of permeable pavement with a novel polyurethane binder［J］. Construction and Building Materials,2020,240:117930. 1-117930. 10.

［4］ 李添帅,陆国阳,王大为,等. 高性能聚氨酯透水混合料关键性能研究[J]. 中国公路学报,2019,32(4):158-169.

［5］ 王火明,李汝凯,王秀,等. 多孔隙聚氨酯碎石混合料强度及路用性能[J]. 中国公路学报,2014,27(10):24-31.

［6］ 王火明,胡秋生,李汝凯. 聚氨酯碎石混合料水热稳定性研究[J]. 公路工程,2014,39(2):246-250.

［7］ 李汝凯,王火明,周刚. 多孔隙聚氨酯碎石混合料强度及影响因素试验研究[J]. 中外公路,2015,35(1):244-247.

［8］ CHEN J, MA X, WANG H, et al. Experimental study on anti-icing and deicing performance of polyurethane concrete as road surface layer[J]. Construction and Building Materials,2018,161:598-605.

［9］ 仝玎朔. 聚氨酯弹性材料组成设计及路用性能研究[D]. 西安:长安大学,2018.

［10］ MIN S, BI Y F, ZHENG M L, et al. Evaluation of a cold-mixed high-performance polyurethane mixture[J]. Advances in Materials Science and Engineering,2019,2019:1507971.

［11］ MIN S, BI Y F, ZHENG M L , et al. Performance of Polyurethane Mixtures with Skeleton-Interlocking Structure［J］. Journal of Materials in Civil Engineering,2020,32(2):04019358.

［12］ LU G Y,TOERZS T,LIU P F et al. Dynamic response of fully permeable pavements:development of pore pressures under different modes of loading[J]. Journal of Materials in Civil Engineering,2020,32(7):13.

［13］ LU G Y, WANG H P, TÖRZS T, et al. In-situ and numerical investigation on the dynamic response of unbounded granular material in permeable pavement［J］. Transportation Geotechnics,2020,25:100396.

［14］ LU G Y,WANG H P,TÖRZS T,et al. Numerical analysis for the influence of saturation on the base course of permeable pavement with a novel polyurethane binder［J］.

Construction and Building Materials,2020,240(20):117930.1-117930.10.

[15] 石泽雄.高性能钢桥面铺装材料开发及性能评价[D].北京:北京建筑大学,2018.

[16] 王荣伟,胡占红,石家磊,等.高分子聚合物混凝土铺装材料的开发及路用性能检测评价[J].筑路机械与施工机械化,2018,35(10):39-42.

[17] 巴学亮.大孔隙高分子聚合物混合料性能研究[D].北京:北京建筑大学,2018.

[18] 郭虹良.聚合物混凝土耐久性影响因素研究[D].北京:北京建筑大学,2019.

[19] XU F S,XU M,ZHANG Y X,et al. An indoor laboratory simulation and evaluation on the aging resistance of polyether polyurethane concrete for bridge deck pavement[J]. Frontiers in Materials,2020,7:237-246.

[20] XU S F,LU G Y,HONG B,et al. Experimental investigation on the development of pore clogging in novel porous pavement based on polyurethane [J]. Construction and Building Materials,2020,258:120378.

[21] 王荣伟.聚合物混凝土桥面铺装材料施工和易性研究及性能评价[D].北京建筑大学,2020.

[22] XU Y,LI Y Z,DUAN M X,et al. Compaction characteristics of single-component polyurethane mixtures[J]. Journal of Materials in Civil Engineering,2021,33(9):8.

[23] 徐世法,张业兴,郭昱涛,等.基于贯入阻力测试系统的聚氨酯混凝土压实时机确定方法[J].中国公路学报,2021,34(7):226-235.

[24] XU Y,DUAN M X,LI Y Z,et al. Durability evaluation of single-component polyurethane-bonded porous mixtures[J]. Journal of Materials in Civil Engineering,2021,33(7):8.

[25] 张业兴.聚合物混凝土强度形成规律及开放交通时机预测模型研究[D].北京:北京建筑大学,2021.

[26] 李威睿.北京务滋村大桥聚合物混凝土桥面铺装层间力学响应分析与粘层材料性能评价[D].北京:北京建筑大学,2021.

[27] 李昀泽.大孔隙聚氨酯混合料水稳定性改善研究[D].北京:北京建筑大学,2021.

[28] 彭庚.多因素条件下聚氨酯混合料压实时机预测模型及固化反应微观分析[D].北京:北京建筑大学,2022.

[29] 阮平.胶石比对聚氨酯玛蹄脂碎石性能影响分析及预测模型的建立[D].北京:北京建筑大学,2022.

[30] XU S F,XU M,FANG C,et al. Laboratory investigation on traffic opening timing of

polyether polyurethane concrete[J]. Journal of Testing and Evaluation,2022,50(4):1871-1886.

[31] 中国石油和化学工业联合会.化工产品密度、相对密度的测定:GB/T 4472—2011[S].北京:中国标准出版社,2011.

[32] 中国建筑材料工业协会.建筑防水涂料试验方法:GB/T 16777—2008[S].北京:中国标准出版社,2008.

[33] 中国石油和化学工业协会.塑料吸水性试验方法:GB/T 1034—2008[S].北京:中国标准出版社,2008.

[34] 中国工程建设标准化协会标准.公路桥面聚醚型聚氨酯混凝土铺装技术规程:T/CECS G:K58-01—2020[S].北京:人民交通出版社股份有限公司,2020.

[35] 北京市交通委员会.聚醚型聚氨酯混凝土路面铺装设计与施工技术规范:DB11/T 2008—2022[S].北京:人民交通出版社股份有限公司,2023.

[36] 中华人民共和国交通运输部.公路工程沥青及沥青混合料试验规程:JTG E20—2011[S].北京:人民交通出版社股份有限公司,2011.

聚醚型聚氨酯胶结料的
开发及固化机理研究

根据 PPU 的技术要求和开发原则,开发了 PPU 胶结料,并对其性能进行了检测评价。利用红外光谱仪(Fourier Transform Infrared,FTIR)和差示扫描量热仪(Differential Scanning Calorimeter,DSC)分析了 PPU 胶结料的强度形成机理,建立了 PPU 胶浆体系固化动力学拟合模型,为固化条件的设定及其施工和易性的研究奠定了理论基础。

2.1 PPU 胶结料的开发及性能评价

2.1.1 胶结料的开发原则

铺装材料需承受交通荷载与环境因素的共同作用,应具有足够的强度与耐久性。同时,为了确保铺装材料的施工和易性,其强度形成速度必须具有可控性。PPU 胶结料的化学组成和几何结构等物化特性对聚氨酯混凝土的性能和固化速度影响显著。因此,其开发应遵循以下开发原则:

(1)足够的强度及可控的固化速度。

聚氨酯胶结料是一种由软链段、硬链段交替组成的多嵌段共聚物。软链段由相对分子质量为 600~3000 的低聚物多元醇(通常是聚醚或聚酯)构成,提供聚氨酯材料所需的弹性,其中酯基极性大,内聚能(12.2kJ/mol)比醚基(4.2kJ/mol)高,聚酯型聚氨酯比 PPU 具有更高的强度和韧性,但 PPU 的强度和韧性也远高于传统沥青胶结料;硬链段由多异氰酸酯或多异氰酸酯与小分子扩链剂组成,提供聚氨酯材料所需的刚性和机械强度,其中,对称性二异氰酸酯(如 MDI)制备的 PPU 比不对称性二异氰酸酯(如 TDI)制备的 PPU 具有更好的模量和撕裂强度。因此,可以通过调整聚氨酯的配方,控制软链段与硬链段的比例及结构,来赋予其良好的力学性能和抗变形能力,使其能作为不同性能要求的铺面材料的胶结料。此外,通过使用催化剂来调控该材料的固化速度,可确保混凝土的施工和易性。

(2)良好的黏结性。

铺装材料混凝土的强度主要来源于矿料颗粒间的内摩阻力,以及胶结料与矿料间的黏结力。若胶结料的黏结强度不足,胶结料与矿料界面处容易在环境和交通荷载的综合作用下产生破坏,从而导致铺装层的整体结构强度下降。这将严重影响铺面材料的使用寿命,所以要求胶结料具有优异的黏结性能。聚氨酯胶结料是指分子链中含有异氰酸酯基(—NCO)和氨酯基(—NHCOO—)的高分子胶结料,由异氰酸酯和含羟基化合物(如聚醚、聚酯)或其他多元醇化合而成。聚氨酯胶结料能在大分子链间形成氢键,具有较强的极性和化学活泼性,黏结范围广,能与多种材料紧密黏结。通过调整聚氨酯树脂的配方可以调节黏结层的刚柔性,可胜任不同性能要求下的铺面建设。

(3)良好的裹覆性。

聚氨酯混凝土铺面的生产、摊铺和碾压均是在常温下完成的,是一种节能环保型绿色材料。在聚氨酯混凝土生产过程中,要求胶结料黏度适中且易于拌和,并对矿料形成良好的裹覆性。对于反应型聚氨酯胶结料,分子量小则意味分子活动能力和胶液的润湿能力强[1],可较好地裹覆矿料,但分子量过小则会导致固化时分子量增长不够,与矿料的黏结强度较差,所以要控制聚氨酯胶结料中的分子量。由于醚基较酯基更易旋转,拥有较好的柔顺性,因此以聚醚多元醇作为软链段,并对 PPU 胶结料的分子量进行调控,能够使其满足混凝土的常温拌和工艺需求。除此之外,聚氨酯胶结料的流动性会随着其固化时间的延长而下降,所以为了满足施工时聚氨酯混凝土具有较长的施工容留时间、良好的摊铺性、易于把握的碾压时机以及较短的养护时间等要求,应结合反应活性适宜的多异氰酸酯开发具有较温和固化速度的聚氨酯,作为聚氨酯混凝土的胶结料。

(4)良好的耐久性。

与大多数有机高分子材料一样,聚氨酯胶结料在使用过程中会发生降解,导致其性能发生变化。在空气、温度、光照及水分等环境因素作用下,胶结料会产生不可逆的老化反应,导致与集料间黏结力下降。这就要求胶结料具有优异的耐久性,主要体现在耐水解、抗温度老化、抗紫外老化等方面。醚基较酯基具有更好的温度稳定性和耐水解性。此外,不同异氰酸酯结构对 PPU 的耐久性也有影响,例如芳环上的氢较难被氧化,所以芳香族比脂肪族异氰酸酯制备的 PPU 抗热氧老化性能好,但是芳香族异氰酸酯制备的 PPU 抗紫外老化性能较差。

综合以上原则,考虑到醚基和酯基均能为聚氨酯胶结料提供良好的黏结性能和力学性能,但是醚基相比于酯基能为胶结料提供更好的流动性和耐久性,因此,开发了满足铺装材料性能和施工和易性要求的 PPU 胶结料。

2.1.2 胶结料的开发及性能检测

基于上述开发原则,并根据表 1-1 中对 PPU 胶结料提出的技术要求,开发了由多元醇、多元胺和其他含有活泼氢的有机化合物等聚合而成的单组分 PPU 胶结料,主要基团如图 2-1 所示,性能测试结果见表 2-1。

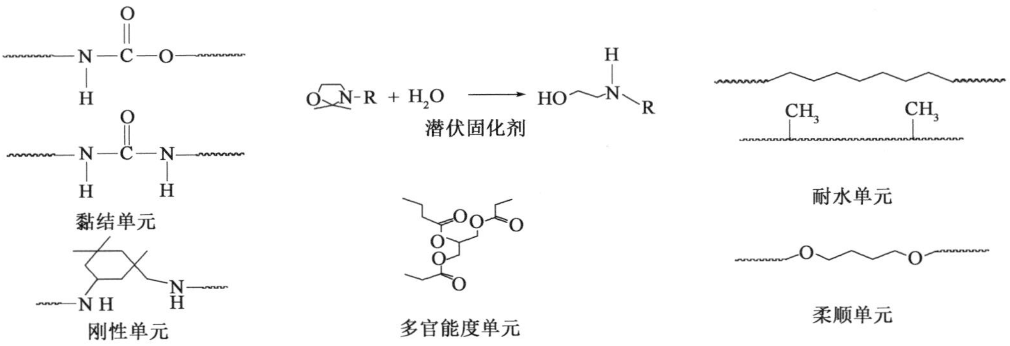

图 2-1　PPU 的主要基团

聚氨酯胶结料性能测试结果　　　　　　　　　　　　表 2-1

试验项目	单位	试验结果	技术要求	试验方法
密度	g/cm^3	1.1	实测	GB/T 4472
吸水率	%	0.4	≤4	GB/T 1034
拉伸强度	MPa	8.6	≥5.0	GB/T 16777

2.2　PPU 胶结料及胶浆固化机理研究

PC 拌和后,胶结料会同时与空气中的水以及弱碱性矿料发生固化反应,从而使混凝土形成强度。因此,相关研究将从胶结料自身强度以及胶结料与矿料的黏结强度形成机理两个层面展开,为了提高试验精度,采用矿粉替代矿料与胶结料形成的胶浆进行固化动力学研究。

2.2.1　PPU 胶结料强度形成机理研究

PPU 是一种湿固化型材料,其固化反应速率受温度、湿度和催化剂的影响。催化剂可使 PPU 中的异氰酸酯(—NCO)优先与水蒸气以及矿料表面上的羟基(—OH)反应生成氨基(—NH_2),—NH_2 再与—NCO 生成弹性体,进而显著提高其固化反应速度,固化反应过程见式(2-1)、式(2-2)、式(2-3)。

$$OCN—R—NCO + HO—R—OH \longrightarrow (—O—R—OCO—HN—R—NHCO—)_n (预聚体)$$

$$(2-1)$$

$$OCN—R—NCO + 2H_2O \longrightarrow H_2N—R—NH_2 + 2CO_2 \uparrow \qquad (2-2)$$

$$OCN—R—NCO + H_2N—R—NH_2 \longrightarrow (—HN—R—NH—CO—NH—R—NHCO—)_n (脲)$$

$$(2-3)$$

式中:R——氨基甲酸酯。

红外光谱仪(Fourier Transform Infrared,FTIR)可以通过红外光照射,观察官能团在红外光谱中形成的吸收峰位置与强度,定性并定量地分析出材料中各官能团的变化过程。

在温度为25℃±1℃、湿度为50%±5%、催化剂用量为1%的试验条件下,采用该设备(分辨率为4cm^{-1},扫描次数32次)对不同固化阶段的PPU胶结料进行扫描,通过观察振动吸收峰位置以及强度变化对官能团进行分析,由此来确定PPU胶结料的固化反应过程。测试结果如图2-2所示。

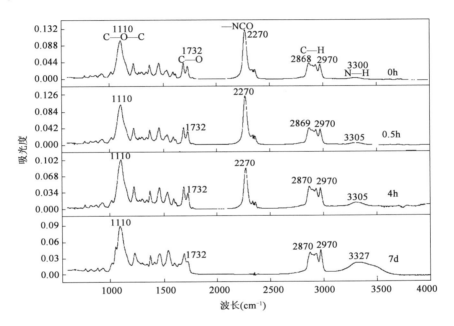

图2-2 聚氨酯胶结料固化过程的FTIR测试结果

由图2-2可知,聚氨酯的特征吸收峰在波长1110cm^{-1}处和2270 cm^{-1}处分别为醚键(C—O—C)和异氰酸酯基(—NCO)振动吸收峰。随着固化反应的进行,出现在2270cm^{-1}处的—NCO伸缩吸收峰逐渐减弱直至消失,说明—NCO已经反应完全,1732cm^{-1}处的自由C—O伸缩吸收峰逐渐减弱,3327cm^{-1}处出现N—H伸缩吸收峰并逐渐增强,表明N—H主要与硬段中的C—O形成氢键。

根据上述FTIR试验表征结果,可确定单组分湿固化型聚氨酯胶结料的强度形成过程如下:在催化剂作用下,游离的—NCO优先与空气水分中的羟基等活泼氢基团发生化学反应,生成氨基(—NH$_2$),—NH$_2$再与—NCO反应生成脲键结构,并进一步交联固化形成稳定的网络结构,从而使胶结料表现出优异的力学性能和耐久性。

2.2.2 PPU 胶浆体系固化动力学研究

聚氨酯胶结料除了与空气中的水分发生固化反应外,还会与混合料中的弱碱性矿料发生反应。对此,在进行聚氨酯固化反应研究时必须予以考虑。由于聚氨酯的固化动力学特性需要通过微观试验进行分析,难以采用含有粗矿料的混合料进行测试,因此,在固化研究中采用聚氨酯胶结料与石灰岩矿粉的混合物,即 PPU 胶浆作为研究对象。

PPU 胶浆在不同固化温度和固化时间下的固化度、固化速率等动力学参数对施工时矿料、催化剂的选择以及聚氨酯混凝土的生产工艺具有指导意义,而且也是建立聚氨酯混凝土的压实和养生预测模型的基础,直接影响压实时机的选择和养生时间。

差示扫描量热法(DSC 法)通过差示扫描量热仪(Differential Scanning Calorimeter, DSC)检测高分子材料样品和参比物的热流随时间(温度)变化的过程,以揭示高分子材料热效应变化特征。DSC 法有等温法和非等温法两种方法,前者是测定试验样品在一定升温速率条件下的热流变化规律,而后者则是测定恒温状态下样品的热流变化规律。

PPU 胶浆的固化属于加成反应,反应过程表现为体系持续放热。在粉胶比不变的条件下,PPU 胶浆体系固化完全的总放热量保持不变,即总反应热为定值。

因此,通过非等温 DSC 法测定 PPU 胶浆体系完全固化的总反应热,并结合等温 DSC 法研究 PPU 胶浆体系在不同恒定温度下的固化反应进程,以此对该体系的固化动力学进行分析。

2.2.2.1 研究方案

本研究利用非等温 DSC 法研究热流随时间变化的规律,得到体系总反应热,再通过等温 DSC 法探究在试验温度恒定,实时监测的情况下样品的热流变化情况,测算胶浆体系的固化速率、固化度,并利用 n 级反应模型和 Kamal 反应模型分别进行动力学参数回归分析,最后采用拟合效果更优的反应模型建立 PPU 胶浆体系固化动力学拟合模型,并以此研究其固化反应状况和后续的施工和易性。

2.2.2.2 PPU 胶浆样品制备

1)原材料及用量的确定

采用的原材料为聚氨酯胶结料、催化剂、纯净水及石灰岩矿粉(最大公称粒径小于0.075mm)。

(1)粉胶比。所用的 PPU 胶浆的粉胶比与宏观研究中聚氨酯混凝土的粉胶比相近,约为1:1,以此更好地模拟聚氨酯混凝土中的胶浆状态。

(2)纯净水用量。由于 DSC 法的试验均为氮气环境,无法模拟 PPU 胶浆含有水汽的湿度环境,为此,利用分子量计算得到样品固化反应所需的用水量,并将其以外掺水的形式加入 PPU 胶浆中,以此保证湿固化反应的进行。

本书所研发的 PPU 胶结料为多异氰酸酯与多元醇通过加成反应生成含有异氰酸酯基(—NCO)的预聚体,按照式(2-1)至式(2-3),通过分子量计算得到聚氨酯固化反应需水量为聚氨酯质量的 1.2%[2]。因此,外掺水用量为聚氨酯胶结料质量的 1.2%。

(3)催化剂用量。结合以往的试验经验,为了缩短试验周期,选用 4%的催化剂用量。

2)样品制备流程

PPU 胶浆样品应在干燥环境下快速制备。

(1)原材料预处理。在样品制备前,应将石灰岩矿粉烘干并降至常温,将原材料密封,且在试验环境温度中静置 2h,以保证胶浆初始温度与试验初始温度一致。

(2)样品制备。原材料保温后,将聚氨酯胶结料与石灰岩矿粉按 1∶1 的比例混合并搅拌 3min 至混合均匀,然后按预定比例加入纯净水及催化剂,继续搅拌 3min,由此完成 PPU 胶浆样品制备。

2.2.2.3　基于 DSC 法的 PPU 胶浆体系固化动力学研究

1)非等温 DSC 法测定体系总反应热

测试前,应采用光谱纯铟对 DSC 进行能量轴和温度轴校正,且所有测试均应在流量为 100mL/min 的氮气环境下进行。为了确保样品反应完全,本测试选用质量约为 15mg 的小样品,在 5℃/min 的低升温速率下进行,试验结果如图 2-3 所示。

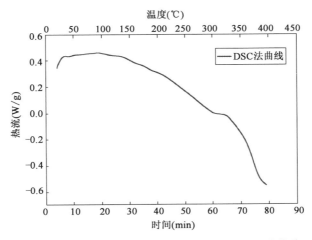

图 2-3　在 5℃/min 条件下 PPU 胶浆体系 DSC 法曲线

由图 2-3 可知,PPU 胶浆体系随着试验温度的升高,其热流先增大后逐步降低,当温度上升到 300℃左右时体系热流接近基线,说明此时体系的湿固化反应基本完成;随着温度的进一步升高,体系热流呈现显著下降趋势,说明此阶段体系在完成固化后开始热分解。此外,从图 2-3 中可以看出,当温度接近 300℃后体系才逐渐发生热分解,这表明 PPU 胶浆体系具有优良的热稳定性。

根据 DSC 法的试验数据,运用数据分析软件,通过热流对时间积分,计算 PPU 胶浆体系固化反应热,并绘制固化反应热与固化时间的关系曲线,如图 2-4 所示。

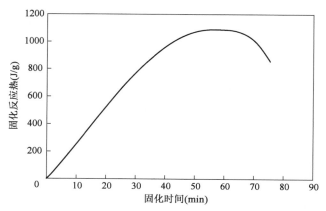

图 2-4　PPU 胶浆体系固化反应热-固化时间关系曲线

由图 2-4 可知,当 PPU 胶浆体系完全固化后,其总反应热约为 1089.4J/g。

2)等温 DSC 法测定体系固化速率

PPU 胶浆的固化速率随温度的升高而增大,本书分别对 25℃、45℃及 60℃下的 PPU 胶浆进行等温 DSC 法试验,试验时间为 240min。试验结果如图 2-5 所示。

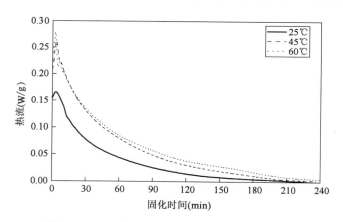

图 2-5　PPU 胶浆体系热流-固化时间关系曲线

由图 2-5 可知,随着时间的增长,不同温度下 PPU 胶浆的热流均呈现先上升后下降的趋势,最后逐渐趋于平稳。将图 2-5 的热流数据对时间进行积分,得到不同温度下 PPU 胶浆体系固化反应热与固化时间的关系曲线,如图 2-6 所示。

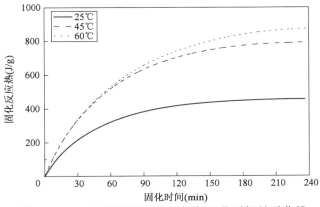

图 2-6　PPU 胶浆体系固化反应热-固化时间关系曲线

对于同一固化体系,某时刻的动态反应热与总反应热的比值即为该体系该时刻的固化度,有:

$$\alpha = \frac{\int_0^t \left(\frac{\mathrm{d}H}{\mathrm{d}t}\right)\mathrm{d}t}{H_{\mathrm{u}}} \qquad (2\text{-}4)$$

式中:α——固化度;

　　t——固化时间(s);

　　H——反应热(J/g);

　　H_{u}——总反应热(J/g)。

由此,根据非等温 DSC 法测得的 PPU 胶浆体系固化全过程的总反应热以及等温 DSC 法测得的不同时间、不同温度下的反应热,即可得到 PPU 胶浆体系固化度和固化曲线,如图 2-7 所示。

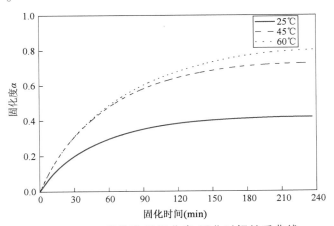

图 2-7　PPU 胶浆体系固化度-固化时间关系曲线

由图 2-7 可知,不同温度条件下的 PPU 胶浆体系固化度-固化时间关系曲线的斜率均由大变小,而且在同一时间下,温度越高,固化度越高。在 240min 时,25℃、45℃和 60℃的固化度分别约为 0.4、0.7 和 0.8。

这说明,在反应初期,体系中参与固化反应的各类官能团浓度大,且温度越高胶浆黏度越低,分子间阻力越小,所以固化反应速率高。随着固化反应的进行,体系中参与固化反应的官能团浓度降低,新形成的弹性体导致胶浆黏度升高,分子间阻力增大,使得固化速率放缓。

PPU 胶浆的固化度随温度的升高和固化时间的增长而增大,但固化度与固化时间之间并非线性关系。因此,为了准确预测固化度与固化速率,本书借助 n 级反应模型和 Kamal 模型进行更为深入的分析。

3)PPU 胶浆体系固化动力学分析

n 级反应模型和 Kamal 模型是两个常用的固化动力学模型[3],可用于 PPU 胶浆体系的固化动力学分析。

(1)n 级反应模型。n 级反应模型是最简单的动力学模型,其一般表征反应初始阶段时速率最大,并随着反应进程而逐渐减小,有:

$$F_{(n)} = k_0 \ (1 - \alpha)^n \tag{2-5}$$

式中:$F_{(n)}$——n 级反应模型固化速率;

α——固化度;

k_0、n——固化动力学参数。

(2)Kamal 模型。与 n 级模型不同,Kamal 模型一般表征体系的自催化特征,有:

$$F_{(K)} = (k_1 + k_2\alpha^m)(1 - \alpha)^n \tag{2-6}$$

式中:$F_{(K)}$——Kamal 模型固化速率;

α——固化度;

k_1、k_2、m、n——固化动力学参数。

结合等温 DSC 法分析结果,分别计算 PPU 胶浆体系在 n 级反应模型和 Kamal 模型拟合下的动力学参数(表 2-2),并以固化速率($10^3 d\alpha/dt$)为纵坐标、固化度(α)为横坐标得出不同温度下 PPU 胶浆体系拟合曲线(图 2-8 ~ 图 2-10)。

PPU 胶浆体系固化反应动力学参数　　　　　　　　表 2-2

温度(℃)	模型	k_0	k_1	k_2	m	n	残差平方和	决定系数 R^2
25	$F_{(n)}$	1.89×10^{-4}	—	—	—	5.05	7.06×10^{-11}	0.95
	$F_{(K)}$	—	1.61×10^{-4}	-3.85×10^{-4}	1.03	0.76	5.34×10^{-12}	0.99
45	$F_{(n)}$	2.51×10^{-4}	—	—	—	2.08	6.43×10^{-11}	0.97
	$F_{(K)}$	—	2.38×10^{-4}	9.30×10^{-4}	1.43	3.23	3.53×10^{-11}	0.98
60	$F_{(n)}$	2.38×10^{-4}	—	—	—	1.73	2.62×10^{-11}	0.99
	$F_{(K)}$	—	2.50×10^{-4}	1.02×10^{-3}	2.12	2.68	1.71×10^{-11}	0.99

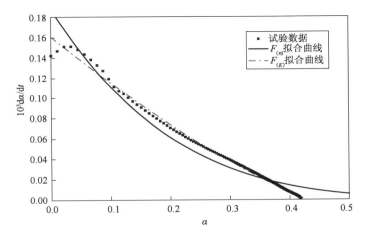

图 2-8　25℃条件下 PPU 胶浆体系固化动力学模型拟合

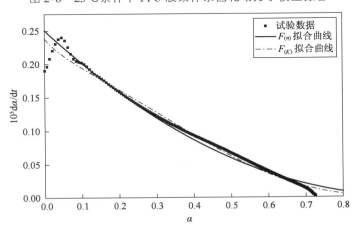

图 2-9　45℃条件下 PPU 胶浆体系固化动力学模型拟合

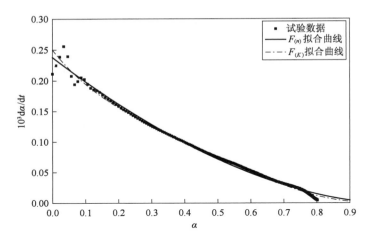

图 2-10　60℃条件下 PPU 胶浆体系固化动力学模型拟合

由图 2-8 ~ 图 2-10 及表 2-2 可以得到以下结论：

①不同温度下的 PPU 胶浆固化速率随着固化度的增大均表现出先增大后减小，最后到 0 的规律，这表明 PPU 胶浆体系的固化反应带有明显的自催化反应特征。

②PPU 胶浆在 25℃、45℃ 及 60℃ 的初始固化速率分别为 0.1424、0.1901 和 0.2113，最大固化速率分别为 0.1515、0.2401 和 0.2556。从试验数据可以看出，温度越高，PPU 胶浆体系的最大固化速率与初始固化速率越高，且两者之间的差值也越高，说明温度越高，PPU 胶浆早期的固化反应越剧烈，自催化特征也越明显。此外，PPU 胶浆的最大固化速率在 25 ~ 45℃ 的增长幅度大于在 45 ~ 60℃ 的增长幅度，表明在温度达到 45℃ 之前，升高温度对 PPU 胶浆的固化速率影响较大，而在温度超过 45℃ 后，升高温度对 PPU 胶浆的固化速率影响较小。

③相比于 n 级反应模型，用 Kamal 模型对 PPU 胶浆体系固化动力学进行拟合后计算得到的决定系数更大，这说明 Kamal 模型对 PPU 胶浆体系的固化动力学拟合效果更好。此外，Kamal 模型的参数 k_2 与 k_1 的差值随着温度的升高而增大，这表明温度越高，PPU 胶浆固化动力学的 Kamal 模型的自催化特征越明显，与试验得出的规律一致。

④Kamal 模型在 25℃、45℃ 及 60℃ 下的反应级数（$m + n$）分别为 1.79、4.66 和 4.80。这表明相比于 25℃ Kamal 模型，60℃ Kamal 模型与 45℃ Kamal 模型的固化动力学特征更接近，这也与温度对 25 ~ 45℃ 下 PPU 胶浆固化速率的影响程度大于 45 ~ 60℃ 下 PPU 胶浆固化速率的试验现象相符合。

综上所述，相较于 n 级反应模型，PPU 胶浆体系的固化反应对 Kamal 模型的拟合效果更好。因此，采用 Kamal 模型建立 PPU 胶浆体系在 25℃、45℃ 及 60℃ 下固化速率随固化度变化的预测方程[式(2-7)～式(2-9)]，以指导后续对聚氨酯混凝土材料固化反应状况和施工和易性的研究。

$$F_{(K,25℃)} = (1.61 \times 10^{-4} - 3.85 \times 10^{-4} \alpha^{1.03})(1-\alpha)^{0.76} \quad (2-7)$$

$$F_{(K,45℃)} = (2.38 \times 10^{-4} + 9.30 \times 10^{-4} \alpha^{1.43})(1-\alpha)^{3.23} \quad (2-8)$$

$$F_{(K,60℃)} = (2.50 \times 10^{-4} + 1.02 \times 10^{-3} \alpha^{2.12})(1-\alpha)^{2.68} \quad (2-9)$$

2.3 本章小结

根据 PPU 的技术要求和开发原则，开发了 PPU 胶结料，并对其性能进行了检测评价。利用红外光谱仪(FTIR)和差示扫描量热仪(DSC)分析了 PPU 胶结料的强度形成机理，建立了 PPU 胶浆体系固化动力学拟合模型，为固化条件的设定及其施工和易性的研究奠定了理论基础。

本章参考文献

[1] 徐培林,张淑琴.聚氨酯材料手册[M].2 版.北京:化学工业出版社,2002.
[2] 彭庚.多因素条件下聚氨酯混合料压实时机预测模型及固化反应微观分析[D].北京:北京建筑大学,2022.
[3] FLORES H A,FASCE L A,RICCARDI C C. On the cure kinetics modeling of epoxy-anhydride systems used in glass reinforced pipe production[J]. Thermochimica Acta,2013,573:1-9.

密级配聚醚型聚氨酯混凝土铺装材料的开发

本书基于第 1 章所提出的钢桥面 PC 技术要求,利用第 2 章所研发的 PPU 胶结料,参照密级配沥青混凝土 AC-13 的级配,开发了密级配聚醚型聚氨酯混凝土 PC-13(Polyether Polyurethane Concrete-13)。检测评价结果表明,PC-13 的高温稳定性、低温抗裂性、水稳定性、抗老化性和抗疲劳性不但满足所提出的技术要求,而且明显优于 AC-13。在此基础上,为了满足特种结构和特殊路段等不同应用场景对铺装材料的要求,分析了胶石比对 PC-13 性能的影响,建立了 PC-13 各项路用性能随胶石比变化的灰色预测模型,确定了满足上述不同使用要求的胶石比,为 PC 在不同场景下的推广应用奠定了基础。

3.1 PC-13 原材料及其技术要求

3.1.1 PPU 胶结料

PC 采用第 2 章自主研发的单组分 PPU 作为胶结料,相关技术要求及检测结果见表 3-1[1-3]。

PPU 胶结料技术要求及检测结果 表 3-1

试验项目	单位	试验结果	技术要求	试验方法
密度	g/cm^3	1.1	实测	GB/T 4472
拉伸强度(25℃)	MPa	8.6	≥5	GB/T 16777
吸水率	%	0.4	≤4	GB/T 1034

3.1.2 催化剂

为了更好地控制 PC 的强度形成速率,调整混凝土的施工容留时间,可采用乙酸基或环烷基催化剂,其剂量应通过试验确定。

3.1.3 矿料

有条件时尽量采用玄武岩,也可使用石灰岩。本书采用石灰岩,其技术要求及检测结果见表 3-2 ~ 表 3-4[4-5]。

粗集料技术要求及试验结果　　　　　　　　　表 3-2

试验项目	单位	试验结果		技术要求	试验方法
		5~10mm	10~15mm		
洛杉矶磨耗值	%	16.2	16.5	≤24	JTG E42 T 0317
压碎值	%	15.4	16.7	≤22	JTG E42 T 0316
吸水率	%	0.82	0.74	≤1.5	JTG E42 T 0308
针片状含量	%	4.2	4.3	≤5	JTG E42 T 0312
软石含量	%	0.6	0.4	≤2	JTG E42 T 0320
坚固性	%	3.5	4.2	≤10	JTG E42 T 0314
小于 0.075mm 颗粒含量（水洗法）	%	0.7	0.4	≤0.8	JTG E42 T 0310
磨光值 PSV	—	57	55	≥42	JTG E42 T 0321

细集料技术要求及试验结果　　　　　　　　　表 3-3

试验项目	单位	试验结果	技术要求	试验方法
吸水率	%	0.8	≤1.5	JTG E42 T 0330
表观密度	g/cm³	2.735	≥2.50	JTG E42 T 0308
坚固性	%	4	≤10	JTG E42 T 0340
砂当量	%	67	≥65	JTG E42 T 0334
小于 0.075mm 颗粒含量（水洗法）	%	1.5	≤2.0	JTG E42 T 0333

矿粉技术要求及试验结果　　　　　　　　表 3-4

试验项目		单位	实验结果	技术要求	试验方法
表观密度		g/cm³	2.732	≥2.50	JTG E42 T 0352
含水率		%	0.2	≤0.6	JTG E42 T 0103
外观		—	无团粒结块	无团粒结块	目测
亲水系数		—	0.7	<1	JTG E42 T 0353
加热安定性		—	无颜色变化	实测记录	JTG E42 T 0355
粒度范围	<0.6mm	%	100	100	JTG E42 T 0351
	<0.15mm		95	90~100	
	<0.075mm		84	75~100	
塑性指数		%	3.5	<4	JTG E42 T 0354

3.2　PC-13 配合比设计

3.2.1　级配设计

本书所开发的密级配 PC-13 参考 AC-13 的级配进行配合比设计[5]，其各档矿料的筛分结果及设计级配见表 3-5，设计级配曲线如图 3-1 所示。

各档矿料筛分结果及 PC-13 设计级配　　　　　　　　表 3-5

筛孔尺寸（mm）	原材料筛分结果（%）				设计级配（%）	规范要求（%）
	10~15mm	5~10mm	0~5mm	矿粉		
16	100.0	100.0	100.0	100.0	100.0	100
13.2	86.7	100.0	100.0	100.0	95.3	90~100
9.5	25.9	88.2	100.0	100.0	71.4	68~85
4.75	1.1	6.5	100.0	100.0	43.9	38~68
2.36	0.4	1.2	66.3	100.0	29.9	24~50
1.18	0.4	0.3	46.0	100.0	22.2	15~38

续上表

筛孔尺寸（mm）	原材料筛分结果(%)				设计级配（%）	规范要求（%）
	10～15mm	5～10mm	0～5mm	矿粉		
0.6	0.4	0.3	29.6	100.0	16.2	10～22
0.3	0.4	0.3	20.2	96.3	12.5	7～20
0.15	0.4	0.3	15.2	92.2	10.4	5～15
0.075	0.4	0.3	8.9	80.9	7.5	4～8
矿料比例（%）	35.0	23.0	35.0	7.0	—	—

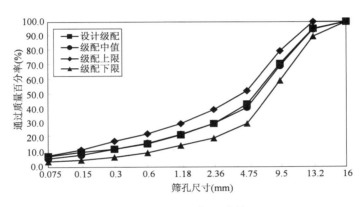

图 3-1　PC-13 级配曲线

3.2.2　最佳胶石比的确定

PC-13 的最佳胶石比参照马歇尔试验方法确定,具体流程如下:

1）粗、细集料预处理

PC 为冷拌冷铺材料,粗、细集料在使用前应进行烘干处理,并降至常温。

2）混凝土拌和

PC 的拌和过程分为 3 个阶段,每个阶段拌和 90s。

第 1 阶段:将粗、细集料按设计级配比例加入拌和锅,拌和 90s;

第 2 阶段:按设计用量将催化剂加入 PPU 中混合均匀,然后倒入拌和锅中,拌和 90s;

第 3 阶段:将矿粉加入拌和锅,拌和 90s。

3）成型时机的判断

PC 拌和后应根据其固化状态判断所需要的静置固化时间,当 PC 手握成团后,即可进行击实成型,由此避免试件在养生期间因固化反应产生明显的膨胀。结合前期试验经验,本试验在25℃、70%湿度及1%催化剂用量(催化剂与胶结料质量比,采用环烷基催化剂)条件下将拌和后的PC静置4h后进行成型,经养生所成型的试件膨胀很小。

4)成型及养生

采用标准击实法(正反各击实75次)成型PC-13马歇尔试件,并在常温下静置养生24h,然后再置于恒温恒湿箱(温度60℃±5℃、相对湿度30%±5%)中加速养生48h,最后常温静置不少于24h,至此养生结束。

结合前期试验经验,本试验以2.0%作为PC-13的目标空隙率,以0.5%为级差,选取5种不同胶石比(6.0%、6.5%、7.0%、7.5%和8.0%)成型试件。试件养生完毕后,根据《公路工程沥青及沥青混合料试验规程》(JTG E20—2011)[4]中规定的试验方法,分别测定其物理体积及力学指标,试验结果见表3-6,试件各项性能与胶石比的关系曲线如图3-2所示。

PC-13 马歇尔试验结果汇总表 表3-6

胶石比（%）	毛体积相对密度（g/cm³）	稳定度（kN）	空隙率VV（%）	矿料间隙率VMA（%）	饱和度VFA（%）	流值（0.1mm）
6.0	2.341	17.89	4.6	17.90	72.65	3.62
6.5	2.352	26.28	3.8	16.23	76.56	3.15
7.0	2.377	36.89	2.2	15.08	83.48	2.41
7.5	2.391	34.19	1.6	16.17	89.06	2.10
8.0	2.364	32.96	1.4	17.71	90.64	1.89

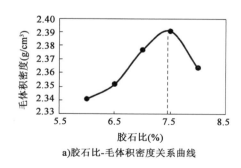
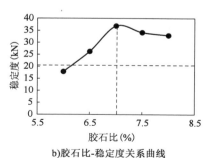

a)胶石比-毛体积密度关系曲线　　b)胶石比-稳定度关系曲线

图 3-2

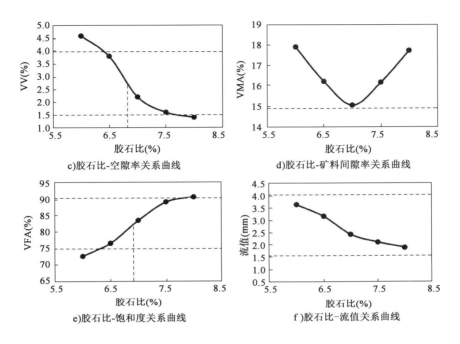

c)胶石比-空隙率关系曲线

d)胶石比-矿料间隙率关系曲线

e)胶石比-饱和度关系曲线

f)胶石比-流值关系曲线

图 3-2　PC-13 马歇尔试验结果

依据图 3-2 中各项指标与胶石比的关系:首先,确定 PC-13 的胶石比初始值 $OPC_1 = (P_1 + P_2 + P_3 + P_4)/4$,其中,毛体积密度及马歇尔稳定度最大值对应的胶石比分别为 $P_1 = 7.50\%$ 和 $P_2 = 7.00\%$,空隙率及饱和度范围中值对应的胶石比分别为 $P_3 = 6.80\%$ 和 $P_4 = 6.90\%$,即 $OPC_1 = 7.05\%$;其次,取各项指标均满足要求的最高胶石比 OPC_{max} 和最低胶石比 OPC_{min}(图 3-3),两者中值对应的胶石比为 $OPC_2 = (OPC_{max} + OPC_{min})/2 = 6.95\%$;最后,取 OPC_1 及 OPC_2 的中值作为最佳胶石比 OPC,即 $OPC = (OPC_1 + OPC_2)/2 = 7.00\%$。

3.2.3　性能检测评价

根据《公路工程沥青及沥青混合料试验规程》(JTG E20—2011)[4] 中的试验方法和《聚醚型聚氨酯混凝土路面铺装设计与施工技术规范》的技术要求[6],对开发的 PC-13 进行车辙试验、低温弯曲试验、冻融循环劈裂试验、渗水试验、摆式仪测定路面摩擦系数试验和表面构造深度试验,分别对 PC-13 的高温稳定性、低温抗裂性、水稳定性、渗水性、摩擦系数摆值和构造深度进行评价,试验结果见表 3-7。试验结果表明,PC-13 的各项路用性能均满足表 1-2 中钢桥面 PC 性能技术要求。

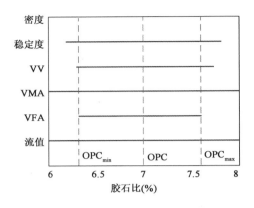

图 3-3 各项指标与胶石比关系图

PC-13 路用性能试验结果 表 3-7

试验项目	单位	试验结果	技术要求	试验方法
动稳定度（60℃,0.7MPa）	次/mm	51375	≥50000	JTG E20 T 0719
低温弯曲破坏应变（-10℃,50mm/min）	με	25864	≥12000	JTG E20 T 0715
冻融劈裂强度	MPa	1.9	≥1.0	JTG E20 T 0729
渗水系数	mL/min	基本不透水	≤50	JTG E20 T 0730
摩擦系数摆值	—	62	符合设计要求	JTG E60 T 0964
构造深度	mm	0.61	符合设计要求	JTG E20 T 0731

3.3 PC-13 路用性能变化规律及其性能与沥青基铺装材料的对比

本节对 PC-13 的各项性能及其变化规律进行了系统研究,并将其与典型的沥青基铺装材料进行了对比评价。

3.3.1 高温稳定性

在沥青基铺装材料中,环氧沥青混凝土的抗高温车辙能力最为突出。本书采用动稳定度（T 0719）来表征材料的高温稳定性,PC-13 与该材料高温稳定性的检测对比结果见表 3-8。

PC-13 与环氧沥青混凝土高温稳定性试验结果　　　表 3-8

混凝土类型	动稳定度(次/mm)	
	规范条件下试验的结果(60℃,0.7MPa)	规范条件下试验的结果(60℃,0.7MPa)
PC-13	51375	43447
环氧沥青混凝土	10473	8674

由表 3-8 可得,在规范条件及高温重载条件下,PC-13 的动稳定度约为环氧沥青混凝土的 5 倍以上。而在规范条件下,改性沥青混凝土的动稳定度通常约为 5000 次/mm,PC-13 的动稳定度约为改性沥青混凝土的 10 倍。因此,PC-13 的高温稳定性极为突出。

3.3.2　低温抗裂性

在沥青基铺装材料中,浇注式沥青混凝土的低温抗裂能力最为突出。采用低温弯曲破坏应变(T 0715)来表征材料的低温抗裂性,PC-13 与该材料低温抗裂性的检测对比结果见表 3-9。

PC-13 与浇注式沥青混凝土低温抗裂性试验结果　　　表 3-9

混凝土类型	低温弯曲破坏应变(με)
PC-13	26413
浇注式沥青混凝土	7634

在规范条件下,PC-13 的低温弯曲破坏应变为浇注式沥青混凝土的 4 倍左右。而在规范条件下,改性沥青混凝土的低温弯曲破坏应变通常为 2500με 左右,PC-13 的低温弯曲破坏应变为改性沥青混凝土的 10 倍左右。因此,PC-13 的低温抗裂性极为突出。

3.3.3　水稳定性

采用冻融劈裂强度比(Tensile Strength Ratio,TSR)和剩余冻融劈裂强度(T 0729)来表征材料的水稳定性,PC-13 与 SBS 改性沥青混凝土 AC-13 的水稳定性检测对比结果见表 3-10 和图 3-4。

PC-13 与 SBS 改性沥青混凝土 AC-13 的水稳定性试验结果　　　表 3-10

	冻融循环次数	1	2	3	4	5
PC-13	TSR(%)	57.33	53.73	50.37	47.70	45.33
	剩余冻融劈裂强度(MPa)	1.72	1.61	1.55	1.42	1.36
AC-13	TSR(%)	86.15	76.92	70.11	63.08	57.69
	剩余冻融劈裂强度(MPa)	1.12	1.00	0.92	0.82	0.75

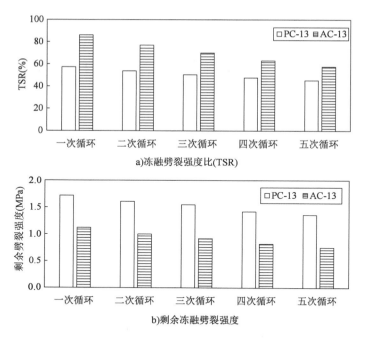

图 3-4　PC-13 和 SBS 改性沥青混凝土 AC-13 的水稳定性检测结果

由表 3-10 和图 3-4 可得,从冻融劈裂强度比(TSR)的角度分析,SBS 改性沥青混凝土的 TSR 要优于 PC。但随着冻融次数的增加,在长期水温耦合作用下,PC 的冻融劈裂强度比下降速率小于 SBS 改性沥青混凝土;从剩余冻融劈裂强度的角度分析,PC 的剩余冻融劈裂强度在相同的试验环境下均高于 SBS 改性沥青混凝土。就路用性能而言,PC-13 经多次冻融后的剩余冻融劈裂强度均高于 1.2.1 小节中 1.0MPa 的技术要求,显然满足要求。

改性沥青混凝土的冻融劈裂强度比应不小于 85%[5],环氧沥青混凝土的冻融劈裂强度比不小于 80%[7]。PC-13 的冻融劈裂强度比(57.33%)虽不及 AC-13 型 SBS 改性沥青混凝土,但其 5 次冻融循环后剩余冻融劈裂强度还能达到 1.36MPa,高于 AC-13 型 SBS 改性沥青混凝土在 1 次冻融循环后的剩余冻融劈裂强度(1.12MPa)。

3.3.4　抗老化性

PC 的老化一般受高温和紫外光照影响。这是因为在高温和光照条件下,PPU 胶结料的高分子链会发生降解铰链反应,导致黏结能力下降,从而影响各项路用性能。

3.3.4.1　高温老化

沥青混凝土的高温老化主要来源于两个方面:一是在生产与运输过程中高温造成的

老化;二是长期在太阳光辐射下吸收热能造成的老化。而 PC 是由 PPU 胶结料与矿料在常温下混合而成,采用的是冷拌冷铺的生产施工方式,因此仅需考虑 PC 在使用过程中由于太阳光辐射而导致的高温老化。

1)试验方法

选用 90℃烘箱老化的方式(T 0734),分别对 PC-13 和 SBS 改性沥青混凝土 AC-13 进行了 1~6 周的老化试验,并进行了路用性能的测试和对比。

2)试验结果与分析

(1)高温稳定性。不同老化时间下,PC-13 及 SBS 改性沥青混凝土 AC-13 的高温稳定性试验结果见表 3-11 和图 3-5。

PC-13 与 SBS 改性 AC-13 在高温老化后的高温稳定性试验结果　　表 3-11

混凝土类型	动稳定度(次/mm)		
	老化时间(周)		
	0	3	6
PC-13	51823	54848	56220
AC-13	6640	6990	7335

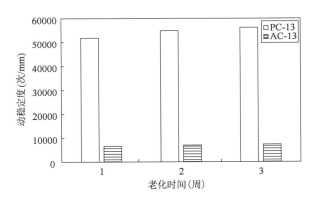

图 3-5　PC-13 与 SBS 改性 AC-13 在高温老化后的高温稳定性试验结果

由表 3-11 和图 3-5 可知,在高温老化作用下,PC-13 和 SBS 改性沥青混凝土 AC-13 的动稳定度随老化时间的增长而略有升高,而且二者的升高速率基本接近。

(2)低温抗裂性。不同老化时间下,PC-13 及 SBS 改性沥青混凝土 AC-13 的低温抗裂性试验结果见表 3-12 和图 3-6。

PC-13 与 SBS 改性 AC-13 在高温老化后的低温抗裂性试验结果　　　　表 3-12

混凝土类型	低温弯曲破坏应变(με)						
	老化时间(周)						
	0	1	2	3	4	5	6
PC-13	28325	26774	25610	20177	17073	13969	12416
AC-13	2723	2552	2433	2366	2298	2250	1950

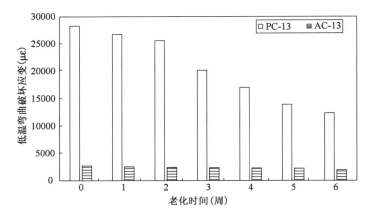

图 3-6　PC-13 与 SBS 改性 AC-13 在高温老化后的低温抗裂性试验结果

由表 3-12 和图 3-6 可知,在高温老化作用下,PC-13 和 SBS 改性沥青混凝土 AC-13 的低温弯曲破坏应变均随老化时间的增长而降低,且 PC-13 的下降速率更高。

(3)水稳定性。不同老化时间下,PC-13 及 SBS 改性沥青混凝土 AC-13 的水稳定性试验结果见表 3-13 和图 3-7。

PC-13 与 SBS 改性 AC-13 在高温老化后的水稳定性试验结果　　　　表 3-13

老化时间(周)		0	1	2	3	4	5	6
PC-13	TSR(%)	57.33	56.12	54.09	51.13	49.21	47.96	46.68
	剩余冻融劈裂强度(MPa)	1.72	1.68	1.62	1.53	1.47	1.44	1.40
AC-13	TSR(%)	86.15	79.23	72.85	68.08	63.54	59.08	57.77
	剩余冻融劈裂强度(MPa)	1.12	1.03	0.94	0.88	0.82	0.77	0.75

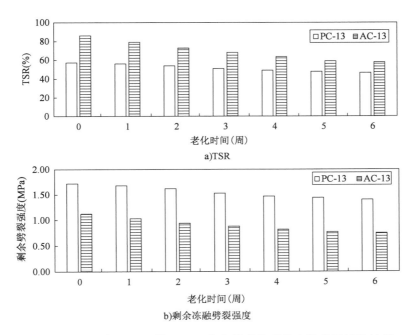

图 3-7　PC-13 与 SBS 改性 AC-13 在高温老化后的水稳定性试验结果

由表 3-13 和图 3-7 可知,在高温老化作用下,PC-13 的冻融劈裂强度比 TSR 低于 SBS 改性沥青混凝土 AC-13,但其剩余冻融劈裂强度高于 SBS 改性沥青混凝土 AC-13,且 PC-13 的该两项指标的下降速率均低于 SBS 改性沥青混凝土 AC-13。

3.3.4.2　紫外老化

铺装材料长期在阳光的暴晒下不仅会产生温度老化,还会产生紫外老化。由于紫外光线具有较高的能量,PC 中的自由基体吸收紫外光后将产生分子共振,导致分子间化学键破坏,从而影响各项路用性能。

1) 试验方法

所采用的紫外老化设备为自主研发的紫外老化耐候仪,主要由控制系统、温度调节系统、灯光控制系统及保护系统组成,通过温度调节装置和设置在试验箱内顶部的 8 根 UVB-340 型紫外荧光灯管对温度与光照辐射进行调控。

郭虹良[8]对北京地区年太阳紫外辐射量与所研发的室内紫外辐射耐候仪器的辐射量的关系进行了分析,发现紫外老化耐候仪中 PC-13 接收 1 周的辐射量约为自然环境中 4 个月接收的辐射量。

采用自主研发的紫外老化耐候仪,在 50℃以及 8 根紫外荧光灯管全开的条件下,分别对 PC-13 和 SBS 改性沥青混凝土 AC-13 进行了 1~6 周的老化,并进行了路用性能的测试和对比。

2）试验结果与分析

（1）高温稳定性。不同老化时间下，PC-13 及 SBS 改性沥青混凝土 AC-13 的高温稳定性试验结果见表 3-14 和图 3-8。

PC-13 与 SBS 改性 AC-13 在紫外老化后的高温稳定性试验结果 　　表 3-14

混凝土类型	动稳定度（次/mm）		
	老化时间（周）		
	0	3	6
PC-13	51823	54935	58661
AC-13	6640	7183	6244

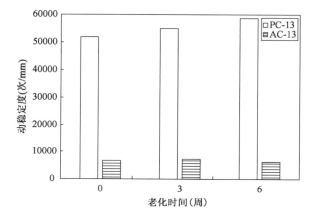

图 3-8　PC-13 与 SBS 改性 AC-13 在紫外老化后的高温稳定性试验结果

由表 3-14 和图 3-8 可知，在紫外老化作用下，PC-13 的动稳定度随老化时间的增长而升高，而相同试验条件下的 SBS 改性沥青混凝土 AC-13 的动稳定度却表现出先升高后下降的规律。

（2）低温抗裂性。不同老化时间下，PC-13 及 SBS 改性沥青混凝土 AC-13 的低温抗裂性试验结果见表 3-15 和图 3-9。

PC-13 与 SBS 改性 AC-13 在紫外老化后的低温抗裂性试验结果 　　表 3-15

混凝土类型	低温弯曲破坏应变（με）						
	老化时间（周）						
	0	1	2	3	4	5	6
PC-13	28325	23836	20953	18625	14353	11641	10865
AC-13	2723	2612	2462	2263	2158	2111	2095

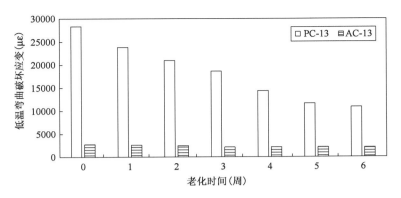

图3-9　PC-13 与 SBS 改性 AC-13 在紫外老化后的低温抗裂性试验结果

由表3-13和图3-9可知,在紫外老化作用下,PC-13 和 SBS 改性沥青混凝土 AC-13 的低温弯曲破坏应变均随老化时间的增长而降低,且 PC-13 的下降速率更高。但是,紫外老化6周后的 PC-13 的低温弯曲破坏应变仍大于$10000\mu\varepsilon$,是未老化的 SBS 改性沥青混凝土 AC-13 的4倍左右。

（3）水稳定性。对不同老化时间下的 PC-13 及 SBS 改性沥青混凝土 AC-13 进行一次冻融劈裂试验,水稳定性试验结果见表3-16和图3-10。

PC-13 与 SBS 改性 AC-13 在紫外老化后的水稳定性试验结果　　　表3-16

老化时间（周）		0	1	2	3	4	5	6
PC-13	TSR（%）	57.33	56.25	55.37	55.43	50.50	49.67	48.80
	剩余冻融劈裂强度（MPa）	1.72	1.69	1.66	1.57	1.52	1.49	1.46
AC-13	TSR（%）	86.15	81.54	75.38	71.08	65.58	63.62	61.23
	剩余冻融劈裂强度（MPa）	1.12	1.06	0.98	0.92	0.86	0.83	0.79

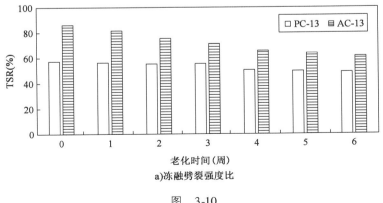

a)冻融劈裂强度比

图　3-10

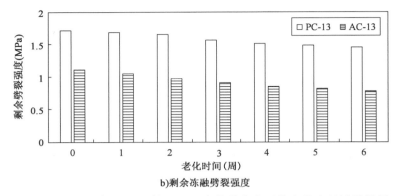

b)剩余冻融劈裂强度

图 3-10　PC-13 与 SBS 改性 AC-13 在紫外老化后的水稳定性试验结果

由表 3-16 和图 3-10 可知,在紫外老化作用下,PC-13 的冻融劈裂强度比 TSR 低于 SBS 改性沥青混凝土 AC-13,但其剩余冻融劈裂强度高于 SBS 改性沥青混凝土 AC-13,且 PC-13 的该两项指标的下降速率均低于 SBS 改性沥青混凝土 AC-13。

3.3.5　抗疲劳性

PC 的疲劳一般表现为在服役过程中受应力和应变重复交替作用,并积累到一定程度后出现结构性损伤,进而发展为开裂。

采用 15℃、1000με 条件下的四点弯曲疲劳试验(T 0739),测定 PC-13 和 SBS 改性沥青混凝土 AC-13 的疲劳性能,并以弯曲劲度模量衰减至初始值(1000με 应变水平下连续加载 50 个循环后的弯曲劲度模量)的 50% 为疲劳损坏标准。两种材料的初始弯曲劲度模量值和疲劳寿命的试验结果见表 3-17 和表 3-18。

PC-13 和 AC-13 初始弯曲劲度模量试验结果　　　表 3-17

混凝土类型	初始弯曲劲度模量(MPa)
PC-13	579
AC-13	4823

PC-13 和 AC-13 的疲劳寿命试验结果　　　表 3-18

混凝土类型	疲劳寿命次数(万次)
PC-13	124.8
AC-13	1.9

由表 3-17 可知,SBS 改性沥青混凝土 AC-13 的初始弯曲劲度模量约为 PC-13 的 9 倍多,这说明在恒定的加载条件下,PC-13 承受重复荷载的能力明显优于 SBS 改性沥青混凝土 AC-13。

由表 3-18 可知,PC-13 的疲劳寿命次数约为 SBS 改性沥青混凝土 AC-13 的 60 倍,这说明与 SBS 改性沥青混凝土相比,PC 抗疲劳性能十分突出。

综上所述,开发的 PC-13 与沥青基铺装材料相比,其高温性能、低温性能、抗水损害性能、抗老化性能及抗荷载耐久性为沥青基铺装材料的数倍乃至数十倍,总体性能突出。

3.4　本章小结

(1)根据钢桥面 PC 的技术要求并利用第 2 章开发的 PPU,参考密级配沥青混凝土 AC-13 的级配,开发了密级配 PC-13 铺装层材料,该材料可通过加入催化剂调整其压实及养生时间。

(2)对 PC-13 铺装材料进行了各项性能试验,并将其性能试验结果与其他沥青混合料对比分析,验证了该材料具备优异的路用性能及耐久性。

本章参考文献

[1] 中华石油和化学工业联合会. 化工产品密度、相对密度的测定:GB/T 4472—2011[S]. 北京:中国标准出版社,2011.

[2] 中华建筑材料工业协会. 建筑防水涂料试验方法:GB/T 16777—2008[S]. 北京:中国标准出版社,2008.

[3] 中华石油和化学工业联合会. 塑料　吸水性的测定:GB/T 1034—2008[S]. 北京:中国标准出版社,2008.

[4] 中华人民共和国交通运输部. 公路工程沥青及沥青混合料试验规程:JTG E20—2011[S]. 北京:人民交通出版社,2011.

[5] 中华人民共和国交通运输部. 公路沥青路面施工技术规范:JTG F40—2004[S]. 北京:人民交通出版社,2011.

[6] 北京市交通委员会. 聚醚型聚氨酯混凝土路面铺装设计与施工技术规范:DB11/T 2008—2022[S]. 北京:人民交通出版社股份有限公司,2022.

[7] 中华人民共和国交通运输部. 公路钢桥面铺装设计与施工技术规范:JTG/T 3364-02—2019[S]. 北京:人民交通出版社股份有限公司,2019.

[8] 郭虹良. 聚合物混凝土耐久性影响因素研究[D]. 北京:北京建筑大学,2019.

大孔隙聚醚型聚氨酯混合料铺装材料的开发

大孔隙沥青混合料具有良好排水、抗滑及降噪功能,但由于其孔隙大,导致耐久性差、使用寿命短。本书采用所研发的 PPU 作为结合料,以 OGFC-13 为级配,开发耐久型大孔隙聚醚型聚氨酯混合料 PPM-13(Porous Polyurethane Mixture-13),并将其路用性能与改性沥青及环氧沥青 OGFC 进行对比,且针对 PPM 冻融劈裂强度比值低的问题,提出了改善方案,并对改善后 PPM 的路用性能进行了评价。

4.1　PPM-13 的开发与性能评价

目前,国内外尚无 PPM 配合比设计方法,本书借鉴现行大孔隙沥青混合料 OGFC-13 的级配,建立了 PPM 体积指标、路用性能与胶石比之间的关系,并根据表 1-5 的技术要求,提出了 PPM 的配合比设计方法,开发了 PPM-13。

4.1.1　级配设计

参照《公路沥青路面施工技术规范》(JTG F40—2004)中 OGFC-13 的级配对 PPM-13 的级配进行设计,级配组成见表 4-1,级配曲线如图 4-1 所示。

PPM-13 级配组成　　　　　　　　　　　　　　　　　　　表 4-1

级配	不同筛孔尺寸(mm)下的通过率(%)									
	16	13.2	9.5	4.75	2.36	1.18	0.6	0.3	0.15	0.075
上限	100.0	100.0	80.0	30.0	22.0	18.0	15.0	12.0	8.0	6.0
下限	100.0	90.0	60.0	12.0	10.0	6.0	4.0	3.0	3.0	2.0
中值	100.0	95.0	70.0	21.0	16.0	12.0	9.5	7.5	5.5	4.0
设计	100.0	95.4	68.9	29.3	14.1	10.1	7.4	6.1	5.2	3.9

4.1.2　最佳胶石比的确定

与沥青混合料的强度产生机理不同,PPM 是基于 PPU 固化反应来产生强度,加热会使 PPU 加速固化,PPU 本身的流动性逐渐消失从而无法进行析漏试验,所以不能完全参照 OGFC 沥青混合料配合比设计方法来对 PPM 的最佳胶石比进行确定。通过胶石比与矿料裹覆状态、与混合料体积指标以及与混合料路用性能的关系,确定了胶石比的上、下限,并采用目标空隙率所对应的胶石比作为 PPM 的最佳胶石比,PPM-13 最佳胶石比确定流程如图 4-2 所示。

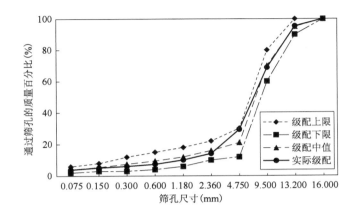

图 4-1　PPM-13 级配曲线

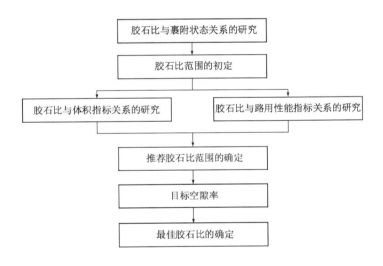

图 4-2　PPM-13 最佳胶石比确定流程图

4.1.2.1　胶石比范围的初定

本书以 5.0% 的胶石比为中心,以 ±1% 为级差取 5 个胶石比进行混合料试拌。根据拌和后 PPU 胶结料对矿料的裹覆情况确定胶石比范围,各胶石比下的混合料拌和后的情况如图 4-3 所示。

| a)3.0% | b)4.0% | c)5.0% | d)6.0% | e)7.0% |

图4-3　不同胶石比下的PPM-13的裹覆状态

由图4-3可得,通过对拌和后的混合料进行观察发现,当胶石比为3.0%时出现了花白料,此时矿料不能被胶结料完全裹覆;4.0%以上胶石比的混合料均能拌和均匀且能充分裹覆,所以初步确定本次试验胶石比为4.0%~7.0%。

4.1.2.2　最佳胶石比范围的确定

(1)胶石比与混合料体积指标关系的研究。

采用《公路工程沥青及沥青混合料试验规程》(JTG E20—2011)中混合料密度试验的体积法(T 0708)分别测试了胶石比为4.0%、5.0%、6.0%和7.0%下PPM-13的毛体积密度及空隙率,并分别建立了胶石比与毛体积密度和空隙率的关系曲线,如图4-4所示。

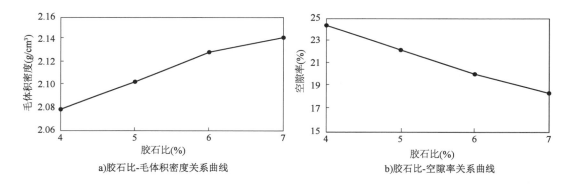

a)胶石比-毛体积密度关系曲线　　　　　　b)胶石比-空隙率关系曲线

图4-4　PPM-13胶石比与体积指标的关系曲线

由图4-4可得,PPM-13的毛体积密度随着胶石比的增大而增大,空隙率随着胶石比的增大而减小,且4.0%~7.0%胶石比下PPM-13的空隙率满足表1-5中对PPM空隙率(18%~25%)的要求,因此,由25%空隙率下的胶石比作为PPM-13最佳胶石比范围的下限。由于本次试验中4%胶石比下PPM-13的空隙率为24.4%,接近25%,可定4.0%的胶石比为本次试验中PPM-13最佳胶石比范围的下限。

（2）胶石比与路用性能关系的研究。

通过测试胶石比在 4.0% ~7.0% 范围内 PPM 各项路用性能指标的变化情况,分别建立了动稳定度、马歇尔稳定度、流值、低温弯曲破坏应变、标准飞散损失以及摆值（BPN）与胶石比关系曲线。

其中,PPM-13 的高温稳定性优异,各个胶石比下的动稳定度均超出表 1-5 中的要求,而且胶石比越高,动稳定度越大,因此,该指标不宜作为 PPM-13 配合比设计的标准。其他各指标随胶石比的变化情况如图 4-5 所示。

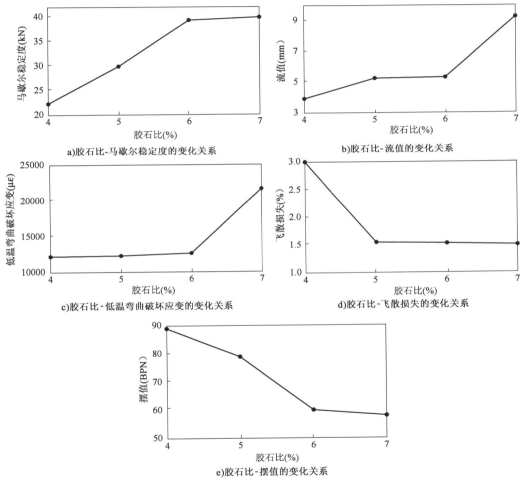

a)胶石比-马歇尔稳定度的变化关系

b)胶石比-流值的变化关系

c)胶石比-低温弯曲破坏应变的变化关系

d)胶石比-飞散损失的变化关系

e)胶石比-摆值的变化关系

图 4-5　不同胶石比下的 PPM-13 路用性能指标试验结果

由图 4-5a）和图 4-5b）可知,PPM-13 的马歇尔稳定度和流值均随着胶石比的增大而增大,呈单一变化趋势,且 PPM-13 的马歇尔稳定度数值较大,各个胶石比下的马歇尔稳定度为规范[1]要求下 OGFC 沥青混合料马歇尔稳定度（≥3.5kN）的 6 倍以上,故无法由该指标确定 PPM-13 的最佳胶石比范围。

由图 4-5c)可得,PPM-13 的低温弯曲破坏应变在胶石比为 4.0% ~6.0% 时基本维持稳定,但胶石比超过 6.0% 后会迅速上升,呈单一变化趋势,且 PPM-13 的低温性能优异,其低温弯曲破坏应变为规范[1]要求下密级配改性沥青混合料(≥3000με)的 4 倍以上,故无法由该指标确定 PPM-13 的最佳胶石比范围。

由图 4-5d)可知,PPM-13 的飞散损失随胶石比的增大而减小,呈单一变化趋势,且 PPM-13 的飞散损失最大也只为 3%,满足表 1-5 的要求,远远低于规范[1]中对 OGFC 沥青混合料飞散损失(<20%)的要求,故无法由该指标确定 PPM-13 的最佳胶石比范围。

由图 4-5e)可知,PPM-13 的 BPN 随胶石比的增大而减小,呈单一变化趋势。当胶石比为 7.0% 时,PPM-13 的 BPN 为 58,低于表 1-5 中不小于 60 的要求,故可由 BPN 为 60 时所对应的胶石比作为 PPM-13 最佳胶石比范围的上限。由于本次试验中 6% 胶石比下 PPM-13 的摆值为 60,可定 6% 胶石比为本次试验中 PPM-13 最佳胶石比范围的上限。

综上所述,通过对 PPM-13 胶石比与其体积指标关系及路用性能指标关系的分析,本研究确定以空隙率为 25% 所对应的胶石比作为下限、以 BPN 为 60 所对应的胶石比作为上限的胶石比范围作为 PPM-13 的设计胶石比范围。结合本次试验的数据进行分析,可确定本次试验中 PPM-13 的设计胶石比范围为 4.0% ~6.0%。

4.1.2.3　最佳胶石比确定

在胶石比-空隙率关系曲线中,设计空隙率对应的胶石比即为最佳胶石比,由图 4-3b)可知,本设计的最佳胶石比为 6.0%。

4.1.3　性能检测评价与对比

4.1.3.1　高温稳定性

采用车辙试验(T 0709)测试了 PPM-13 的动稳定度以评价其高温稳定性,并与改性沥青 OGFC-13 和环氧沥青 OGFC-13 的动稳定度进行对比,结果见表 4-2。

PPM-13 高温稳定性试验结果　　　　　　　　　　　　表 4-2

混凝土类型	动稳定度(0.7MPa,60℃)(次/mm)
PPM-13	37474
改性沥青 OGFC-13	5886
环氧沥青 OGFC -13	11900

由表 4-2 可得,所开发的 PPM-13 的高温稳定性满足表 1-5 的要求,且远高于改性沥青和环氧沥青 OGFC-13。

4.1.3.2 低温抗裂性

采用低温弯曲试验(T 0715)测试了 PPM-13 的低温弯曲破坏应变以评价其低温抗裂性,并与改性沥青 OGFC-13 和环氧沥青 OGFC-13 的低温弯曲破坏应变进行对比,结果见表 4-3。

PPM-13 低温抗裂性试验结果　　　　　　　　　　表 4-3

混凝土类型	低温弯曲破坏应变(−10℃ ,50mm/min)(με)
PPM-13	12616
改性沥青 OGFC-13	2160
环氧沥青 OGFC-13	2231

由表 4-3 可得,PPM-13 的低温弯曲破坏应变为改性沥青 OGFC-13 和环氧沥青 OGFC-13 的 6 倍左右,说明 PPM-13 的低温抗裂性远优于改性沥青 OGFC-13 和环氧沥青 OGFC-13。

4.1.3.3 水稳定性

采用浸水飞散质量损失试验(T 0733)、浸水马歇尔试验(T 0709)和冻融劈裂试验(T 0716)评价 PPM-13 的水稳定性,并与改性沥青 OGFC-13 进行对比,试验结果见表 4-4,冻融前后劈裂强度如图 4-6 所示。

PPM-13 水稳定性试验结果　　　　　　　　　　表 4-4

混凝土类型	浸水飞散质量损失(%)	冻融劈裂强度比 TSR(%)	剩余冻融劈裂强度(MPa)	残留稳定度比(%)
PPM-13	2.15	42.44	0.73	57.99
改性沥青 OGFC-13	18.93	81.82	0.45	86.01

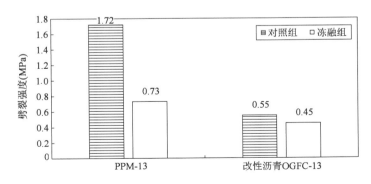

图 4-6　PPM-13 劈裂强度测试结果

从表 4-4 可以看出,所研发的 PPM-13 的浸水飞散损失很小,满足表 1-5 的技术要求,且远低于改性沥青 OGFC-13。PPM 的残留马歇尔稳定度以及剩余冻融劈裂强度比均低于改性沥青 OGFC-13,说明其强度受水的影响较大,但图 4-6 中 PPM 的剩余冻融劈裂强度为 0.73MPa,大于改性沥青 OGFC-13 的剩余冻融劈裂强度(0.45MPa),说明冻融后的 PPM-13 虽然强度衰减幅度较大,但其剩余冻融劈裂强度仍然高于未冻融处理的改性沥青 OGFC-13,强度仍然满足路面行车的强度要求。

4.1.3.4　抗疲劳性能

采用 $1200\mu\varepsilon$ 的加载应变下的四点弯曲疲劳试验(T 0739),以模量下降幅度达到 50% 为破坏标准,评价 PPM-13 的抗疲劳性能,并与改性沥青 OGFC-13 进行对比,试验结果如图 4-7 和图 4-8 所示。

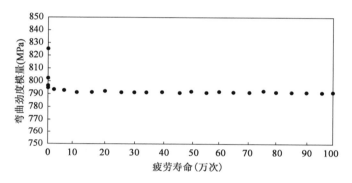

图 4-7　PPM-13 弯曲劲度模量变化图

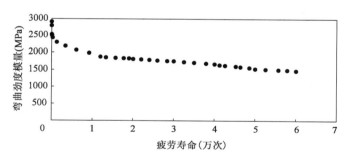

图 4-8　改性沥青 OGFC-13 抗弯劲度模量变化图

由图 4-7 可得,PPM-13 在 100 万次应变作用下,其弯曲劲度模量下降幅度远未达到 50% 的破坏标准,这说明 PPM-13 的疲劳性能优异。

综合图 4-7 和图 4-8 可得,PPM-13 和改性沥青 OGFC-13 的弯曲劲度模量均为先快速下降而后趋于平稳。

选取混合料弯曲劲度模量达到平稳状态初始值作为初始弯曲劲度模量，PPM-13 和改性沥青 OGFC-13 的初始弯曲劲度模量结果见表 4-5。

PPM-13 初始弯曲劲度模量试验结果　　　　　　　　　　表 4-5

混凝土类型	初始弯曲劲度模量（MPa）
PPM-13	791.47
改性沥青 OGFC-13	1870.63

由表 4-5 可得，PPM-13 的初始弯曲劲度模量明显低于改性沥青 OGFC-13，这说明 PPM-13 具有更好抗疲劳性能。

4.1.3.5　抗滑性能

采用摆值（BPN）（T 0964）来表征材料的抗滑性能，PPM-13 与改性沥青 OGFC-13 及环氧沥青 OGFC-13 的检测对比结果见表 4-6。

PPM-13 抗滑性能试验结果　　　　　　　　　　　　　表 4-6

混凝土类型	BPN
PPM-13	62
改性沥青 OGFC-13	65
环氧沥青 OGFC-13	66

由表 4-6 可得，PPM-13 的 BPN 与改性沥青 OGFC-13 和环氧沥青 OGFC-13 相近，且满足表 1-5 的技术要求。

4.1.3.6　透水性能

采用连通孔隙率和渗水系数评价 PPM-13 的透水性能，并与改性沥青 OGFC-13 进行对比。

（1）连通孔隙率。混合料的内部孔隙根据与外界的连通情况分为三类，即连通孔隙、半连通孔隙和闭口孔隙，如图 4-9 所示。其中，连通孔隙的两端都与外界连通，半连通孔隙是有一部分与外界连通而另一端封闭，而闭口孔隙则与外界完全不连通。大孔隙混合料的透水性能主要受连通孔隙率的影响，连通孔隙率越大，其透水性能越好。通过体积法（T 0708）对 PPM-13 和改性沥青 OGFC-13 的空隙率进行测试，并通过水中重法（T 0706）结合式（4-1）测试两种材料的连通孔隙率，结果见表 4-7。

$$VV_{connect} = \left(1 - \frac{W_2 - W_1}{V}\right) \times 100\% \qquad (4-1)$$

式中：$VV_{connect}$——试件的连通孔隙率（%）；

$\quad\quad V$——试件的体积（cm^3）；

$\quad\quad W_1$——试件在水中的质量（g）；

$\quad\quad W_2$——试件在空气中的质量（g）。

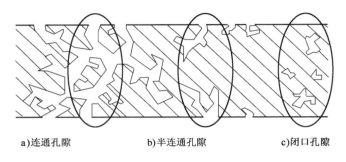

a)连通孔隙　　　　　　b)半连通孔隙　　　　　　c)闭口孔隙

图4-9　排水沥青混合料孔隙组成示意图

混合料空隙率及连通孔隙率试验结果　　　　　　　　　　表4-7

混凝土类型	空隙率(%)	连通孔隙率(%)
PPM-13	20.4	11.6
改性沥青 OGFC-13	20.8	12.3

由表4-7可得，PPM-13的空隙率和连通孔隙率都与改性沥青 OGFC-13相差不大。

（2）渗水系数。对 PPM-13和改性沥青 OGFC-13的进行渗水试验（T 0730），渗水系数试验结果见表4-8。

混合料渗水系数试验结果　　　　　　　　　　表4-8

混凝土类型	渗水系数(mL/min)
PPM-13	2927
改性沥青 OGFC-13	3158

由表4-8可得，PPM-13的渗水系数与改性沥青 OGFC-13相差不大。

4.2　PPM-13冻融劈裂强度比改善措施及效果评价

由上文研究可知，PPM 的各项路用性能比同类沥青基混合料更为优异，在抗冻融方面，尽管其剩余冻融劈裂强度远高于沥青基混合料，但是其冻融劈裂强度比（TSR）远低于沥青基混合料。为此,本研究将尝试从 PPU 抗水解及 PPU 与矿料界面的黏附性角度对 TSR 进行提升。

4.2.1　PPU 抗水解性能改善

PPU 具有良好的力学性能、高弹性和耐磨性,但抗水解性有待于提升。PPU 在与水接触时,其分子段易发生水解反应,生成羧基,而羧基又会促进聚酯水解反应的进行,会导致 PPU 的持续水解,这会使得 PPU 的力学性能减弱。通过掺加水解稳定剂来提高 PPU 的抗水解性能。

4.2.1.1　水解稳定剂选择

采用碳化二亚胺作为 PPU 的水解稳定剂。碳化二亚胺是一类具有 N＝C＝N 不饱和键的化合物,其中的 N＝C＝N 与 PPU 水解产生的羧酸反应而形成稳定的酰脲,由此降低了羧基对水解的催化作用,从而提高 PPU 的抗水解稳定性。具体反应公式为:

$$R—CN_2—R_0 + R_1—COOH \rightarrow RNH—CO—NR_0—COR_1 \tag{4-2}$$

碳化二亚胺分为聚碳化二亚胺(Polymerized Carbodiimide,PCDI)和单碳化二亚胺(Bis Carbodiimide)。其中,聚碳化二亚胺分子量比单碳化二亚胺大,具有不易挥发及析出的特点,性能更稳定、应用更安全。因此,选用聚碳化二亚胺(PCDI)(图 4-10)作为 PPU 的水解稳定剂,其性能试验结果见表 4-9。

图 4-10　PCDI 照片

PCDI 性能试验结果　　　　　　　　　　　　　　　　　表 4-9

指标	技术要求	单位
黏度	1000 ~ 6000	mPa·s
密度	1.15	g/cm³
分子量	3000	

续上表

指标	技术要求	单位
熔点	110～115	℃
存储条件	−20	℃
水溶解性	可溶于水	

4.2.1.2　试验方案设计

对 PCDI 掺量为 0、1%、2% 和 3% 以及 70℃水浴下养生的 PPU 进行吸水率[《聚氨酯防水涂料》(GB/T 19250—2013)]、拉伸强度和断裂伸长率[《塑料　拉伸性能的测定第 2 部分:模塑和挤塑塑料的试验条件》(GB/T 1040.2—2006)]试验,分别从质量变化和强度变化角度评价不同掺量下的 PCDI 对 PPU 抗水解性能的改善效果,并确定 PCDI 的最佳掺量。

4.2.1.3　抗水解性能改善结果分析

(1)吸水率。

不同 PCDI 掺量下的 PPU 试件在不同养生时间下的吸水率试验结果如图 4-11 和图 4-12 所示。

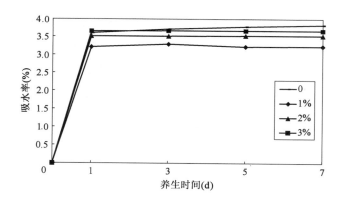

图 4-11　养生时间及 PCDI 掺量与 PPU 的吸水率关系

由图 4-11 可得,在水浴养生时间达到 1d 前,PPU 试件的吸水率均随水浴养生时间的延长而升高;在水浴养生时间超过 1d 后,PPU 试件的吸水率均无明显变化。

由图 4-12 可得,在水浴养生 7d 后,不添加 PCDI 的 PPU 试件吸水率最高;随着 PCDI 掺量的增加,PPU 试件的吸水率先降低后增高。

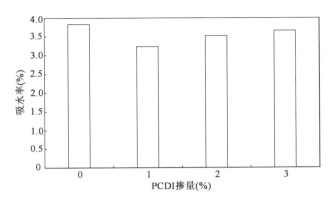

图 4-12　不同 PCDI 掺量下 PPU 试件水浴 7d 后的吸水率

（2）拉伸强度和断裂伸长率。

在不同的养生时间下测试 PPU 试件的拉伸强度与断裂伸长率，0～7d 的测试结果如图 4-13～图 4-16 所示。

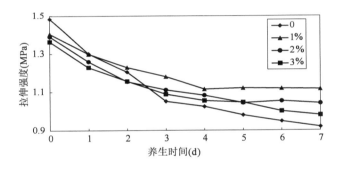

图 4-13　不同 PCDI 掺量下的 PPU 试件拉伸强度随养生时间的变化

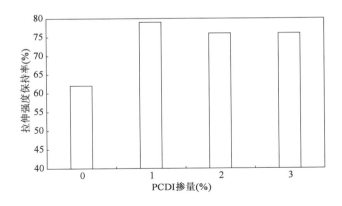

图 4-14　不同 PCDI 掺量下 PPU 试件水浴 7d 后的拉伸强度保持率

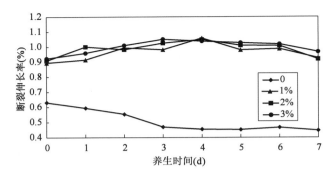

图 4-15　不同 PCDI 掺量下 PPU 试件断裂伸长率随养生时间的变化

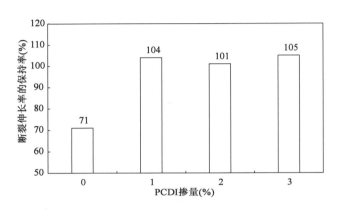

图 4-16　不同 PCDI 掺量下 PPU 试件水浴 7d 后的断裂伸长率的保持率

由图 4-13 可得，不同 PCDI 掺量下的 PPU 试件的拉伸强度均随养生时间的延长而逐渐降低。在 70℃ 水浴养生 4d 后，添加 PCDI 的 PPU 试件的拉伸强度基本稳定，但不添加 PCDI 的 PPU 拉伸强度仍随养生时间的延长而持续降低。此外，不添加 PCDI 的 PPU 试件初始拉伸强度最高（1.48MPa），3% PCDI 掺量下的 PPU 试件初始拉伸强度最低（1.36MPa）。

由图 4-14 可得，PPU 试件在 70℃ 水浴养生 7d 后的拉伸强度保持率随 PCDI 掺量的增加先升后降，其中，不添加 PCDI 的 PPU 试件拉伸强度保持率最低，PCDI 掺量为 1% 的 PPU 试件拉伸强度保持率最高。PPU 在高温水浴养生后的拉伸强度保持率越高，说明其抗水解能力越强。

由图 4-15 可得，不添加 PCDI 的 PPU 试件的断裂伸长率随养生时间增加而降低，而添加 PCDI 的 PPU 试件的断裂伸长率呈现出随养生时间增加先升后降的总体趋势。并且，添加 PCDI 的 PPU 试件的断裂伸长率相比于不添加 PCDI 的 PPU 试件均有较大的提升。

由图 4-16 可得,70℃水浴养生 7d 条件下,不添加 PCDI 的 PPU 试件的断裂伸长率的保持率最低,仅为 71%,而添加 PCDI 的 PPU 试件的断裂伸长率的保持率均超过 100%,且不同 PCDI 掺量的 PPU 试件的断裂伸长率保持率之间相差不大。

综上所述,PCDI 的掺加会使聚氨酯的吸水率有一定程度的下降;PCDI 的掺量为 1%时,聚氨酯的拉伸强度下降趋势最缓;PCDI 的掺加会降低聚氨酯的断裂伸长率,但其掺量对聚氨酯断裂伸长率变化影响不大。最终确定 PCDI 推荐掺量为 1%。

4.2.2　PPU 与矿料界面黏结性能改善

根据表面能理论,可以用来评价 PPU 与石材黏结性能的表面能参数主要有 PPU 的表面能、PPU 本身的黏聚功和 PPU 与石材的黏附功。表面能直接反映了 PPU 在石材表面的润湿性;PPU 本身的内聚功反映了拉开 PPU 时所需拉力的大小;PPU 与石材之间的黏附功直接反映了 PPU 与石材界面的黏附性。

本书通过添加界面改性剂来提高 PPU 与矿料界面的黏结性能,从而改善聚氨酯混合料的抗水损害性能。由于 PPU 的物化性质以及固化机理与沥青胶结料有所不同,常规的沥青剥落评价试验(例如水煮法和 SHRP 净吸附法)并不适用于 PPU,故采用接触角试验和剥离强度试验探究界面改性剂对 PPU 与矿料界面黏结性能的影响,并选择出最佳界面改性剂的种类和掺量。

4.2.2.1　界面改性剂的选择

选择硅烷偶联剂作为界面改性剂来对 PPU 与矿料界面的黏结性能进行改善。硅烷偶联剂结构中存在极性键和非极性键,可与极性和非极性底物进行化学键合。硅烷偶联剂分子中含有两个不同的反应基团,其化学结构可用 $Y—R—SiX_3$ 表示,二者与不同界面之间的活泼性不同:X 是能生成羟基的基团,能与被处理物表面形成—O—共价键,加强界面黏结;Y 是能与聚合物反应以提高硅烷聚合效率的基团。

硅烷偶联剂有表面处理和整体混合两种使用方法,前者过于烦琐不适用于工程应用,故采用先将硅烷偶联剂与 PPU 混合均匀,然后再与无机填料混合的整体混合法。

采用常用于改善聚合物黏附性能的界面改性剂 KH550 和 KH560,其中,KH550 为氨基基团偶联剂,适合与含有氨基一类的树脂结合;KH560 为环氧基团偶联剂,适合与环氧基一类的树脂结合。KH550 和 KH560 的技术指标见表 4-10。

硅烷偶联剂技术指标   表 4-10

指标	KH550	KH560	单位
产品名称	3-(2-氨基乙胺基)丙基三乙氧基硅烷	3-缩水甘油基氧基丙基三甲氧基硅烷	—
分子式	$C_{11}H_{28}N_2O_3Si$	$C_9H_{20}O_5Si$	—
分子量	264.44	236.34	—
纯度	96	97	%
沸点	156	$119 \sim 121$	℃/15mmHg
折光率	1.444	1.429	—
密度	0.9765	1.07	g/cm³

4.2.2.2 接触角试验

采用 KH550 和 KH560 两种界面改性剂分别以 0、1%、2%、3%、4% 和 5% 的掺量与 PPU 混合并成型试件,选择蒸馏水、乙二醇和甲酰胺为测试液体,进行接触角试验,并结合表面自由能,得到两种界面改性剂在不同掺量下 PPU 试件的表面自由能、黏聚功和黏附功。

两种界面改性剂在不同掺量下的 PPU 试件与测试液体的接触角结果见表 4-11[1]。

不同掺量 PPU 接触角试验结果   表 4-11

种类	掺量(%)	接触角(°)		
		蒸馏水	乙二醇	甲酰胺
KH550	0	69.46	73.62	70.74
	1	69.61	81.49	75.47
	2	69.83	82.88	75.26
	3	69.27	81.39	74.65
	4	69.63	79.94	74.55
	5	68.42	78.24	74.35
KH560	0	69.46	73.62	70.74
	1	69.32	78.54	74.16
	2	69.11	77.63	72.91
	3	68.92	76.67	70.63
	4	69.12	76.11	70.01
	5	68.64	75.32	70.69

由表 4-11 可得,两种界面改性剂在不同掺量下的 PPU 与三种测试液体的接触角各

不相同。其中 PPU 与乙二醇的接触角最大,与蒸馏水的接触角最小。

表面自由能可以表征 PPU 对矿料浸润性的优劣。两种界面改性剂在不同掺量下的 PPU 表面自由能结果如图 4-17 所示[1]。

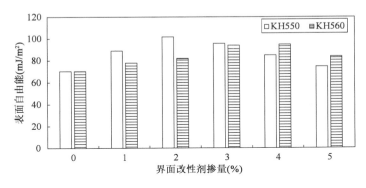

图 4-17　两种界面改性剂在不同掺量下的 PPU 表面自由能

由图 4-17 可得,分别掺加两种界面改性剂后的 PPU 的表面自由能都随着掺量的增加先升后降,但两者峰值的大小及位置不同,添加 KH550 的 PPU 试件的表面自由能在掺量为 2% 时最大($101.73\text{mJ}/\text{m}^2$),添加 KH560 的 PPU 试件的表面自由能在掺量为 4% 时最大($94.67\text{mJ}/\text{m}^2$)。表面自由能越大证明胶结料越容易包裹住矿料,即 PPU 在矿料表面的浸润性越好,即 KH550 掺量为 2% 时,PPU 在矿料表面的浸润性最好。

黏聚功可以表征 PPU 黏聚性能的优劣。两种界面改性剂在不同掺量下的 PPU 黏聚功结果如图 4-18 所示[5]。

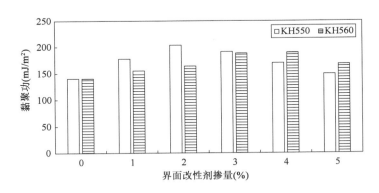

图 4-18　两种界面改性剂在不同掺量下的 PPU 黏聚功

由图 4-18 可得,分别掺加两种界面改性剂后的 PPU 的黏聚功都随着掺量的增加先升后降,但两者峰值的大小及位置不同,添加 KH550 的 PPU 试件的黏聚功在掺量为 2% 时最大($203.47\text{mJ}/\text{m}^2$),添加 KH560 的 PPU 试件的黏聚功在掺量为 4% 时最大

（189.35mJ/m²）。黏聚功越大证明胶结料抗水损害能力越强，故 KH550 掺量为 2% 时，PPU 的抗水损害能力最强。

黏附功可以表征 PPU 与玄武岩之间黏附性能的优劣，两种界面改性剂在不同掺量下的 PPU 黏附功结果如图 4-19 所示[5]。

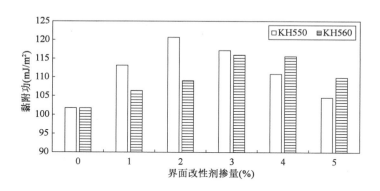

图 4-19　两种界面改性剂在不同掺量下的 PPU 黏附功

由图 4-19 可得，分别掺加两种界面改性剂后的 PPU 的黏附功都随着掺量的增加先升后降，但两者峰值的大小及位置不同，添加 KH550 的 PPU 试件的黏附功在掺量为 2% 时最大（120.65mJ/m²），添加 KH560 的 PPU 试件的黏附功在掺量为 3% 时最大（116.00mJ/m²）。黏附功越大，证明胶结料与矿料的黏附效果越好，即 PPU 与玄武岩矿料的黏附效果越好，故 KH550 掺量为 2% 时，PPU 与玄武岩矿料的黏附效果最好。

水解稳定剂（PCDI）及界面改性剂（KH550）对 PPU 黏附功影响的检测结果对比如图 4-20 所示[5]。

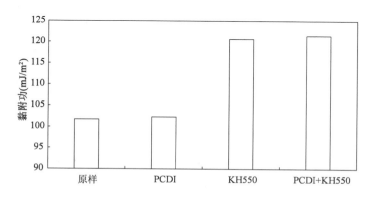

图 4-20　PCDI 及 KH550 对 PPU 黏附功影响的检测结果对比

由图 4-20 可得,添加 KH550 的 PPU 黏附功相比未添加 KH550 的 PPU 黏附功有着明显提升,提升率平均为 18.6%;而添加 PCDI 和未添加 PCDI 的 PPU 黏附功无明显的变化,变化率在 1% 以内。对图 4-20 中的试验数据进行显著性分析,结果见表 4-12。

PPU 黏附功与 PCDI 和 KH550 的相关分析结果 表 4-12

添加剂种类	P 值
PCDI	0.965
KH550	0.001

注:当 $P < 0.01$ 时,表明影响极显著;当 $0.01 < P < 0.05$ 时,表明影响显著;当 $0.05 < P < 0.01$ 时,表明影响一般显著;当 $P > 0.1$ 时,表明影响不显著,即 P 值越小,因素对评价指标的影响越显著。

由表 4-12 可得,PCDI 对 PPU 黏附功影响的 P 值大于 0.05,这表明添加 PCDI 对 PPU 黏附功不存在显著性影响;KH550 对 PPU 黏附功影响的 P 值小于 0.01,这表明添加 KH550 对 PPU 黏附功存在显著性影响。

4.2.2.3 剥离强度试验

采用 180° 剥离强度试验[《胶黏剂 180° 剥离强度试验方法 挠性材料对刚性材料》(GB/T 2790—1995)]来直接评价 PPU 与矿料界面的剥离强度。首先将 PPU 分别与 0、1%、2%、3%、4% 和 5% 掺量的 KH550 和 KH560 混合,然后均匀涂抹到玄武岩石板上,并将聚氯乙烯皮革条粘贴到上面,在室温干燥条件下放置固化 48h 后测试剥离强度,试验结果如图 4-21 所示[5]。

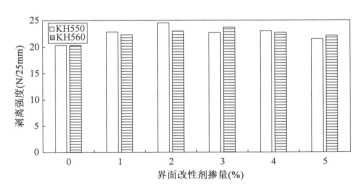

图 4-21 两种界面改性剂在不同掺量下的 PPU 剥离强度

由图 4-21 可得,分别掺加两种界面改性剂后的 PPU 的剥离强度都随着掺量的增加先升后降,但两者峰值的大小及位置不同,添加 KH550 的 PPU 试件的剥离强度在掺量为 2% 时最大(24.53N/25mm),添加 KH560 的 PPU 试件的剥离强度在掺量为 3%

时最大(23.72N/25mm)。剥离强度越大,也证明胶结料与矿料的黏附效果越好,即PPU与玄武岩矿料的黏附效果越好,故 KH550 掺量为 2% 时,PPU 与玄武岩矿料的黏附效果最好。

水解稳定剂(PCDI)及界面改性剂(KH550)对 PPU 剥离强度影响的检测结果对比如图 4-22 所示[5]。

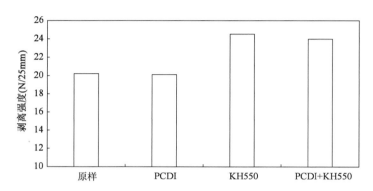

图 4-22　PCDI 及 KH550 对 PPU 剥离强度影响的检测结果对比

由图 4-22 可得,添加 KH550 的 PPU 的剥离强度相比未添加 KH550 的 PPU 的剥离强度有着明显提升,提升率平均为 18.6%;而添加 PCDI 和未添加 PCDI 的 PPU 剥离强度无明显的变化,变化率在 1% 以内。对图 4-22 中的试验数据进行显著性分析,结果见表 4-13。

PPU 剥离强度与 PCDI 和 KH550 的相关分析结果　　　　表 4-13

添加剂种类	P 值
PCDI	0.920
KH550	0.005

由表 4-13 可得,PCDI 对 PPU 剥离强度影响的 P 值大于 0.05,这表明添加 PCDI 对 PPU 黏附功不存在显著性影响;KH550 对 PPU 黏附功影响的 P 值小于 0.01,这表明添加 KH550 对 PPU 黏附功存在显著性影响。

4.2.3　采用改善措施后 PPM-13 的路用性能评价

通过动稳定度、低温弯曲应变和剩余冻融劈裂强度等指标对改善后的 PPM-13 各项路用性能进行评价分析。

4.2.3.1　高温稳定性

采用车辙试验(T 0709)测试了改善前后的 PPM-13 的动稳定度,其试验结果见表 4-14。

改善前后 PPM-13 车辙试验结果 表 4-14

混合料类型	动稳定度（次/mm）
改善后 PPM-13	37474
改善前 PPM-13	36712

由表 4-11 可得，改善后 PPM-13 的动稳定度与改善前 PPM-13 相差不大。

4.2.3.2 低温抗裂性

采用低温弯曲试验（T 0715）测试了改善前后的 PPM-13 的低温弯曲破坏应变，其试验结果见表 4-15。

改善前后 PPM-13 低温弯曲试验结果 表 4-15

混合料类型	低温弯曲破坏应变（$\mu\varepsilon$）
改善后 PPM-13	12877
改善前 PPM-13	12616

由表 4-15 可得，改善后 PPM-13 的低温弯曲破坏应变与改善前 PPM-13 相差不大。

4.2.3.3 水稳定性评价方法的提出及改善效果评价

前期大量试验研究表明，由于 PPU 的性能与沥青材料差异巨大，水对它们的影响机理也不相同，因此，常规的沥青混合料水稳定性评价方法不适用于评价 PPM 的水稳定性。鉴于此，将对 PPM 的水稳定性测试方法进行改进，通过测试不同条件下浸水飞散（T 0733）后的 PPM-13 试件的劈裂强度（T 0716）来反映浸水温度、浸水时间、浸水后空气中养生时间和飞散试验中旋转磨耗次数等水—温—荷载条件对 PPM-13 劈裂强度的影响，最后，确定合适的试验方法及试验条件对 PPM 水稳定性进行检测与评价。

1）试验方法设计

本书拟通过正交试验探究不同浸水温度、浸水时间、浸水后空气中养生时间和飞散实验中旋转磨耗次数试验条件下 PPM-13 劈裂强度的变化规律。将上述 4 个试验条件作为 4 个不同的影响因素，并对每个影响因素设定 5 个影响水平，得该正交试验的因素水平表，见表 4-16。

PPM-13 劈裂强度正交试验因素水平表 表 4-16

影响因素	水平				
浸水温度 A（℃）	30	40	50	60	70
浸水时间 B（h）	0	6	12	24	48
浸水后空气中养护时间 C（h）	0	6	12	24	48
旋转磨耗次数 D（次）	0	100	200	300	400

通过正交试验测得不同影响因素及水平影响下改善后的 PPM-13 劈裂强度,当浸水时间为 0 时浸水温度无意义,故删去相关试验条件组合。正交试验设计组合及劈裂强度试验结果见表 4-17,使用 SPSS 软件对试验结果进行正交试验方差分析,分析结果见表 4-18。

L₂₀(5⁴)正交试验表

$L_{20}(5^4)$ 正交试验表 · 表 4-17

编号	A	B	C	D	劈裂强度(MPa)
1	1	2	2	2	2.95
2	1	3	3	3	2.32
3	1	4	4	4	2.16
4	1	5	5	5	2.07
5	2	2	3	4	1.69
6	2	3	4	5	1.72
7	2	4	5	1	1.31
8	2	5	1	2	1.55
9	3	2	4	1	1.96
10	3	3	5	2	1.46
11	3	4	1	3	1.44
12	3	5	2	4	0.84
13	4	2	5	3	1.77
14	4	3	1	4	1.28
15	4	4	2	5	1.69
16	4	5	3	1	1.16
17	5	2	1	5	1.98
18	5	3	2	1	0.79
19	5	4	3	2	1.27
20	5	5	4	3	1.23

正交试验方差分析　　　　　　　　表 4-18

来源	离差平方和	自由度 df	平均值平方	效应项与误差项的比值(F 值)	P 值
浸水温度	443.496	4	110.874	31.683	0.003
浸水时间	242.992	3	80.997	23.146	0.005
旋转磨耗次数	40.574	4	10.144	2.899	0.164
浸水后空气中养生时间	101.957	4	25.489	7.284	0.04
误差	206.084	20	10.304		
总计	16207.847	36			

注:当 $P < 0.01$ 时,表明影响极显著;当 $0.01 < P < 0.05$ 时,表明影响显著;当 $0.05 < P < 0.1$ 时,表明影响一般显著;当 $P > 0.1$ 时,表明影响不显著,即 P 值越小,因素对评价指标的影响越显著。

由表 4-18 可得,PPM-13 的浸水温度、浸水时间和浸水后空气中养生时间三个因素的 P 值均小于 0.05,因此这三种影响因素对 PPM-13 浸水飞散后的劈裂强度有着明显的影响;而旋转磨耗次数的 P 值大于 0.1,故旋转磨耗次数对劈裂强度没有表现出显著性影响。为了确定有代表性的三种影响因素的试验条件,本研究对每种因素影响下的 PPM-13 剩余劈裂强度的变化规律进行检测评价。

2)三种因素对 PPM-13 剩余劈裂强度的影响及代表性检测条件的确定

(1)浸水温度的影响。参考《公路工程沥青及沥青混合料试验规程》(JTG E20—2011)中浸水飞散试验(T 0733)的流程,本实验选取 30℃、40℃、50℃、60℃和 70℃为浸水温度,对 PPM-13 试件进行浸水飞散后的劈裂强度试验(T 0716),试验结果如图 4-23 所示。

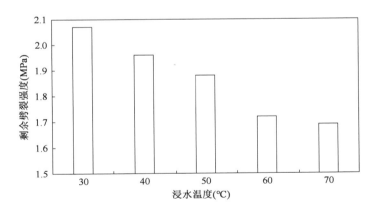

图 4-23　不同浸水温度下 PPM-13 的剩余劈裂强度

如图 4-23 所示,改善后 PPM-13 的剩余劈裂强度随浸水温度的增大而降低,且 60℃前 PPM-13 的剩余劈裂强度下降幅度较大,60℃后的剩余劈裂强度下降幅度较小。这说明当浸水温度达到 60℃后,浸水温度的变化对 PPM-13 的剩余劈裂强度影响较小,故选择 60℃作为改进后水稳定性测试方法的浸水温度条件。

(2)浸水时间的影响。参考《公路工程沥青及沥青混合料试验规程》(JTG E20—2011)中浸水飞散试验(T 0733)的流程,选取 0、6h、12h、24h 和 48h 为浸水时间,对 PPM-13 试件进行浸水飞散后的劈裂强度试验(T 0716),试验结果如图 4-24 所示。

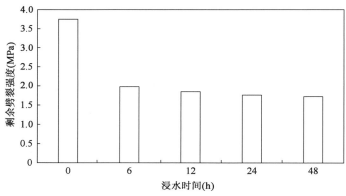

图 4-24　不同浸水时间下 PPM-13 的剩余劈裂强度

如图 4-24 所示,改善后 PPM-13 的剩余劈裂强度随浸水时间的延长而降低,且 6h 前 PPM-13 的剩余劈裂强度下降幅度较大,6h 后的剩余劈裂强度下降幅度较小。这说明当浸水时间达到 6h 后,浸水时间的变化对 PPM-13 的剩余劈裂强度影响较小,故选择 6h 作为改进后水稳定性测试方法的浸水时间条件。

(3)浸水后空气中养生时间的影响。参考《公路工程沥青及沥青混合料试验规程》(JTG E20—2011)中浸水飞散试验(T 0733)的流程,选取 0、6h、12h、24h 和 48h 为在浸水后空气中养生时间,对 PPM-13 试件进行浸水飞散后的劈裂强度试验(T 0716),试验结果如图 4-25 所示。

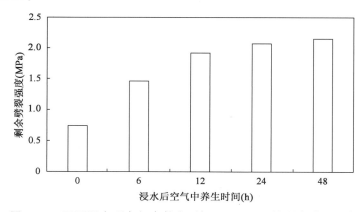

图 4-25　不同浸水后空气中养生时间下 PPM-13 的剩余劈裂强度

如图 4-25 所示,改善后 PPM-13 的剩余劈裂强度随浸水后空气中养生时间的延长而升高,且 12h 前 PPM-13 的剩余劈裂强度上升幅度较大,12h 后的剩余劈裂强度上升幅度较小。这说明当浸水后空气中养生时间达到 12h 后,浸水后空气中养生的变化对 PPM-13 的剩余劈裂强度影响较小,故选择 12h 作为改进后水稳定性测试方法的浸水时间条件。

(4)代表性检测条件的确定。由上述试验结果可知,浸水温度、浸水时间和浸水后空气中养生时间的代表值分别为 60℃、6h、12h,并选定旋转磨耗次数 300 次作为飞散试验条件。以此作为基于浸水飞散试验的水稳定性评价方法的代表性条件。

3)基于浸水飞散试验的水稳定性评价方法

基于浸水飞散试验的水稳定性评价方法流程如图 4-26 所示,其中,剩余劈裂强度比计算公式见式(4-3):

$$\sigma = \frac{P_B}{P_A} \times 100\% \tag{4-3}$$

式中:σ——剩余劈裂强度残留比(%);

P_A——对照组的劈裂强度(MPa);

P_B——试验组的剩余劈裂强度(MPa)。

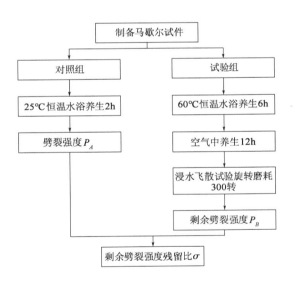

图 4-26 基于浸水飞散试验的水稳定性评价方法设计流程图

4)评价结果分析

采用以上所提出的水稳定性评价方法,对水稳定性改善前后的 PPM-13 进行了检测评价,并与改性沥青 OGFC-13 进行对比,测试结果见表 4-19。

三种混合料的水稳定性试验结果 表 4-19

种类	剩余劈裂强度比（%）
改善前 PPM-13	51.45
改善后 PPM-13	82.32
改性沥青 OGFC-13	82.49

由表 4-19 可得,改善后 PPM-13 的剩余劈裂强度比远高于改善前的,且与改性沥青 OGFC-13 相当。这说明通过改善 PPU 的抗水解性能以及增强 PPU 与矿料界面的黏结性能可显著提高 PPM-13 的水稳定性。

综上所述,在 PPU 中掺加水解稳定剂以及界面改性剂可以在不影响混合料高温稳定性和低温抗裂性的前提下大幅提高 PPM-13 的水稳定性。

4.3 本章小结

（1）结合 PPM 体积指标和路用性能与胶石比的关系,本书提出了基于性能平衡和目标空隙率的 PPM 配合比设计方法,并确定了 PPM-13 的最佳胶石比,通过性能验证得出 PPM-13 的高温和低温性能明显优于同级配的 OGFC 沥青混合料。

（2）为了提高 PPM-13 的冻融劈裂强度比,从两个角度对 PPU 的抗水损害能力进行改善。从 PPU 自身的水稳定性提升角度,通过添加水解稳定剂（PCDI）改善了 PPU 抗水解能力,并采用吸水率试验以及拉伸强度试验确定了 PCDI 的推荐掺量为 1%。从 PPU 与矿料界面的水稳定性提升角度,通过添加界面改性剂（KH550、KH560）改善了 PPU 的黏聚性及其与矿料界面的黏附性,并采用接触角试验以及剥离强度试验确定了 KH550 的推荐掺量为 2%。

（3）添加 PCDI 和 KH550 后,PPM-13 的高温和低温性能与未添加的 PPM-13 相当,且远大于改性沥青 OGFC-13。针对目前三种水稳定性测试方法的结果变异性大的问题,提出基于浸水飞散的 PPM-13 水稳定性评价方法。结果表明,添加 PCDI 和 KH550 的 PPM-13 其水稳定性明显优于改善前的,且与改性沥青 OGFC-13 的相当。综上,改善后的 PPM-13 的综合路用性能显著优于改性沥青 OGFC-13。

本章参考文献

［1］ 李昀泽.大孔隙聚氨酯混合料水稳定性改善研究［D］.北京:北京建筑大学,2021.

聚醚型聚氨酯混凝土的成型与压实时机

与传统沥青混合料强度形成机理不同,PPU 自身强度和胶结料-矿料界面强度的形成是一个湿固化反应过程,受温度、湿度、催化剂用量和施工容留时间等因素的影响显著,所以压实时机的选取对 PC 的性能至关重要。本研究基于成型时机对 PC-13 各项性能的影响规律,提出了一种以空隙率和劈裂强度为判定指标的 PC-13 室内试件成型时机预测方法,并建立了 PC-13 室内试件成型时机预测模型。同时,为了指导现场的碾压施工,本书开发了贯入阻力系统,建立了贯入阻力与 PC-13 空隙率之间的关系方程,提出了以贯入阻力为判定指标的 PC-13 施工压实时机确定方法,建立了催化剂用量预测模型。

5.1　PC-13 室内成型时机研究

传统热拌沥青混合料采用黏温曲线来判定其室内成型时机及施工压实时机[1-3]。但是前期大量研究经验表明,不同于沥青的热塑性,PPU 作为热固性材料,温度、相对湿度及催化剂用量都是影响其固化反应速率的主要因素,且各因素的不同水平组合并不会改变其固化反应特征[4],故 PC-13 的室内成型时机及施工压实时机确定方法不能参考传统热拌沥青混凝土。

由于 25℃温度、50% 相对湿度的试验条件与实验室的室内温湿环境接近,可最大限度减小实验过程中因环境条件变异导致的系统误差,且 4% 催化剂用量时,PC-13 试件室内成型时间可控性强,所以选择 25℃温度、50% 相对湿度及 4% 乙酸基催化剂用量为代表性试验条件,开展 PC-13 试件室内成型时机确定方法的研究,并基于此推广到多因素条件。

首先分析不同成型时间下 PC-13 各项性能的变化规律;然后根据本书 1.2.1 小节的要求及材料特性,以各项指标满足技术要求为前提,确定 PC-13 试件的室内成型时机;最后结合相关性分析确定 PC-13 室内成型时间的判定指标及标准,建立多因素条件下压实时机预测模型。

5.1.1　室内成型时机对性能的影响规律

选择可直观表征 PC-13 鼓胀及强度形成情况的指标,即空隙率和劈裂强度,并考虑材料的高温稳定性、低温抗裂性及水稳定性,以此综合评价 PC-13 试件的室内成型效果。

PC-13 试件在成型完后需养生一段时间才可完成固化反应,故测试的均为试件养生完成后的性能,养生方式参考本书 3.2.2 小节。养生完成后,PC-13 的空隙率、劈裂强度、动稳定度、低温弯曲破坏应变及剩余冻融劈裂强度试验结果见表 5-1。

不同成型时机下 PC-13 各项指标的测试结果 表 5-1

指标	不同成型时机下测试结果							
	1h	2h	4h	6h	8h	10h	12h	14h
空隙率(%)	5.01	4.19	3.25	2.79	2.37	2.21	2.08	2.42
劈裂强度(MPa)	2.34	2.75	3.81	4.37	4.31	3.42	2.01	0.61
动稳定度(次/mm)	12875	23495	33615	38984	46750	49351	48722	47835
低温弯曲破坏应变(με)	10732	13455	15872	16993	15942	11947	6952	2137
剩余冻融劈裂强度(MPa)	0.67	0.95	1.89	2.63	2.74	2.25	1.21	0.31

由表 5-1 可得,PC-13 的空隙率随成型时机的延后先降后升,而 PC-13 的劈裂强度、动稳定度、低温弯曲破坏应变和剩余冻融劈裂强度均随成型时机的延后先升后降。其中,过早成型对 PC-13 空隙率及动稳定度的影响更大,原因是试件在成型完毕会因静置时间较短,反应生成的 CO_2 无法充分排出而导致整体鼓胀,进而导致空隙率在原有的基础上增大,影响胶结料与矿料界面间的黏附性以及混凝土整体结构,导致高温稳定性能降低;过晚压实对 PC-13 的劈裂强度、低温弯曲破坏应变及剩余冻融劈裂强度影响更大,原因是 PC-13 在成型前已具备较高的固化度,试件空隙率以及胶结料与矿料间黏附性难以同时满足条件,故容易被低温环境或水所破坏,进而导致低温抗裂性及水稳定性能降低。

基于非线性回归分析,建立了 PC-13 各项指标随室内成型时机变化的拟合方程,见表 5-2。

PC-13 各项指标随室内成型时机变化的拟合方程 表 5-2

项目	拟合方程	决定系数 R^2
空隙率	$Y_{pc1} = 0.0294x^2 - 0.6276x + 5.4488$	0.98
劈裂强度	$Y_{pc2} = -0.0681x^2 + 0.887x + 1.4093$	0.98
动稳定度	$Y_{pc3} = -333.2x^2 + 7485.5x + 7734.7$	0.98
低温弯曲破坏应变	$Y_{pc4} = -227.86x^2 + 2660.5x + 8776$	0.98
剩余冻融劈裂强度	$Y_{pc5} = -0.0533x^2 + 0.7773x - 0.2177$	0.97

5.1.2　PC-13 室内成型时机的确定方法

依据表 1-4 的技术要求,结合材料特性确定 PC-13 拌和完成后最早和最晚的室内成型时机,即可成型时间。基于 PC-13 各项指标随室内成型时机变化的拟合方程,计算各项指标在满足技术要求下的可成型时间,计算结果见表 5-3。

PC-13 可成型时间计算结果　　表 5-3

项目	技术要求	可成型时间(h)	试验方法
空隙率	2.0%~3.5%	3.77~17.58	JTG E20 T 0705
动稳定度 (60℃,0.7MPa)	≥25000 次/mm	2.61~19.86	JTG E20 T 0719
低温弯曲破坏应变 (-10℃,50mm/min)	≥8000με	≤11.96	JTG E20 T 0715
冻融劈裂强度	≥0.6MPa	1.14~13.44	JTG E20 T 0729

由表 5-3 可得,在综合考虑各项指标满足技术要求的前提下,25℃、50% 相对湿度和 4% 催化剂用量条件下 PC-13 的可成型时间为 3.77~11.96h。

对 PC-13 的各项指标进行相关性分析,以此减少评价室内成型效果的维度,进而确定 PC-13 可成型时间的判定依据。对 PC-13 的各项指标之间进行相关性分析,结果见表 5-4。

PC-13 各项指标间的相关性分析结果　　表 5-4

指标	空隙率	劈裂抗拉强度	动稳定度	低温弯曲破坏应变	剩余冻融劈裂强度
空隙率	1				
劈裂强度	-0.058	1			
动稳定度	-0.995**	0.000	1		
低温弯曲破坏应变	0.189	0.961**	-0.247	1	
剩余冻融劈裂强度	-0.427	0.920**	0.378	0.778*	1

注:表中 * 和 ** 分别表示指标间存在显著相关($P<0.05$)和极显著相关($P<0.01$)。

由表 5-4 可以得到以下结论:

(1)PC-13 的空隙率与动稳定度决定系数为 -0.995,说明 PC-13 的空隙率与高温稳定性呈现极显著的负相关性,即空隙率越大,高温稳定性越差。

（2）PC-13 的劈裂强度与低温弯曲破坏应变和剩余冻融劈裂强度的决定系数分别为 0.961 和 0.920，说明劈裂强度与低温抗裂性和水稳定性呈现极显著的正相关，即劈裂强度越大，低温抗裂性和水稳定性越好。

（3）空隙率与劈裂强度的决定系数为 −0.058，说明这两种性能间的相关性较差。

综合上述结论可知，空隙率及劈裂强度两个指标可有效表征 PC-13 的各项性能，且空隙率可较好地表征 PC-13 早期的室内成型效果，劈裂强度可较好地表征 PC-13 晚期的室内成型效果。因此，以空隙率及劈裂强度作为 PC-13 可成型时间的判定指标，结合空隙率及劈裂强度随室内成型时机变化的拟合方程，得到 PC-13 可成型时间的判定标准。计算结果见表 5-5。

PC-13 室内成型时机判据标准计算表　　　　　表 5-5

项目	判据	关系方程	计算结果（判据标准）
最早室内成型时机	空隙率（%）	$Y_{\text{pc}1} = 0.0294x^2 - 0.6276x + 5.4488$	≤3.50
最晚室内成型时机	劈裂强度（MPa）	$Y_{\text{pc}2} = -0.0681x^2 + 0.887x + 1.4093$	≥2.28

由表 5-5 可知，PC-13 的最早室内成型时机判定标准为空隙率不大于 3.50%，最晚室内成型时机判断标准为劈裂强度不小于 2.28MPa。

5.1.3　正交试验设计

在多因素、多水平的试验研究中，由于全面试验数量过多，通常选择正交试验设计方法来选择具有均匀分散、齐整可比特点的代表性试验来缩减试验组合数量，进而得到和全面试验相似的结论。前期研究表明，温度、相对湿度和催化剂用量是影响 PPU 湿固化反应速率的主要因素。为了确定各因素不同水平组合条件下 PC-13 的室内成型时机，结合我国主要城市的温湿度情况，确定适宜的因素水平进行正交试验设计，因素水平表见表 5-6。

PC-13 室内成型时机因素水平表　　　　　表 5-6

因素	水平			
	1	2	3	4
温度 A（℃）	5	25	45	60
相对湿度 B（%）	30	50	70	90
催化剂用量 C（%）	1	2	3	4

由于不同温度下相对湿度对应的空气中水分含量不同,即绝对湿度不同,因此将温度及湿度的交互作用作为试验条件之一。采用正交试验设计方法进行试验研究,研究包括 4 种因素,即温度、相对湿度、温度及相对湿度交互作用、催化剂用量,各因素包括 4 个水平,并且考虑误差组,因此选用 $L_{16}(4^5)$ 正交试验表,共计 16 种试验条件组合,正交试验表见表 5-7。

$L_{16}(4^5)$ 正交试验表　　　　　　　　　　表 5-7

序号	A	B	A * B	C	误差列
1	1(5℃)	1(30%)	1	1(1%)	1
2	1(5℃)	2(50%)	2	2(2%)	2
3	1(5℃)	3(70%)	3	3(3%)	3
4	1(5℃)	4(90%)	4	4(4%)	4
5	2(25℃)	1(30%)	2	3(3%)	4
6	2(25℃)	2(50%)	1	4(4%)	3
7	2(25℃)	3(70%)	4	1(1%)	2
8	2(25℃)	4(90%)	3	2(2%)	1
9	3(45℃)	1(30%)	3	4(4%)	2
10	3(45℃)	2(50%)	1	3(3%)	1
11	3(45℃)	3(70%)	4	2(2%)	4
12	3(45℃)	4(90%)	2	1(1%)	3
13	4(60℃)	1(30%)	4	2(2%)	3
14	4(60℃)	2(50%)	3	1(1%)	4
15	4(60℃)	3(70%)	2	4(4%)	1
16	4(60℃)	4(90%)	1	3(3%)	2

5.1.4　多因素条件下 PC-13 空隙率及劈裂强度随成型时间的规律研究

对 16 种组合条件下 PC-13 在不同室内成型时机下的空隙率及劈裂强度进行试验测试,并基于非线性回归分析,分别建立多因素条件下空隙率-成型时间和劈裂强度-成型时间的拟合曲线,如图 5-1 和图 5-2 所示,拟合方程见表 5-8。

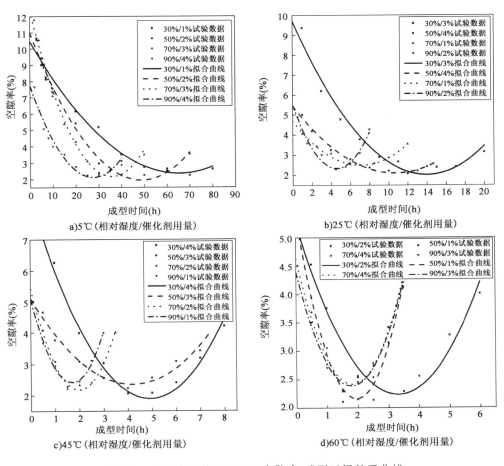

图 5-1 多因素条件下 PC-13 空隙率-成型时间关系曲线

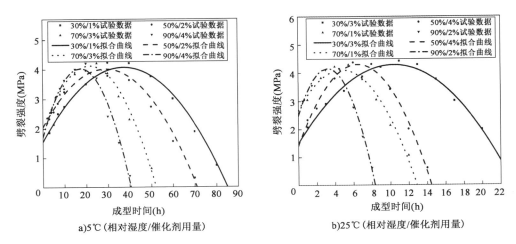

图 5-2

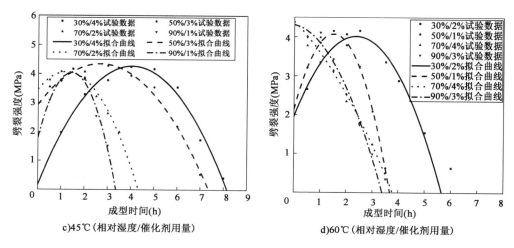

c)45℃（相对湿度/催化剂用量）　　　　d)60℃（相对湿度/催化剂用量）

图 5-2　多因素条件下 PC-13 劈裂强度-成型时间关系曲线

多因素条件下 PC-13 室内成型时机计算表　　　　表 5-8

序号	因素组合	关系方程	决定系数	
			R_w	R_s
1	$A_1B_1C_1$	$VV_{pc1} = 0.0019x^2 - 0.2481x + 10.462, S_{pc1} = -0.0018x^2 - 0.1347x + 1.5519$	0.97	0.98
2	$A_1B_2C_2$	$VV_{pc2} = 0.0038x^2 - 0.371x + 11, S_{pc2} = -0.0023x^2 - 0.1344x + 2.0519$	0.98	0.97
3	$A_1B_3C_3$	$VV_{pc3} = 0.008x^2 - 0.5716x + 12.38, S_{pe3} = -0.0045x^2 - 0.1963x + 1.9815$	0.98	0.97
4	$A_1B_4C_4$	$VV_{pc4} = 0.0074x^2 - 0.4075x + 7.7256, S_{po4} = -0.0076x^2 - 0.2661x + 1.7041$	0.95	0.97
5	$A_2B_1C_3$	$VV_{pc5} = 0.0394x^2 - 1.1008x + 9.7137, S_{pe5} = -0.0256x^2 - 0.5346x + 1.4951$	0.97	0.98
6	$A_2B_2C_4$	$VV_{pc6} = 0.0294x^2 - 0.6276x + 5.4488, S_{pc6} = -0.0681x^2 - 0.887x + 1.4093$	0.98	0.98
7	$A_2B_3C_1$	$VV_{pc7} = 0.0436x^2 - 0.6199x + 4.6934, S_{pc7} = -0.0627x^2 - 0.6007x + 2.6671$	0.97	0.97
8	$A_2B_4C_2$	$VV_{pc8} = 0.1529x^2 - 1.3983x + 5.5276, S_{pc8} = -0.1602x^2 - 1.0357x + 2.4777$	0.96	0.98
9	$A_3B_1C_4$	$VV_{pc9} = 0.2673x^2 - 2.6031x + 8.3679, S_{pc9} = -0.252x^2 - 2.0354x + 0.1573$	0.97	0.98
10	$A_3B_2C_3$	$VV_{pc10} = 0.1569x^2 - 1.3154x + 5.1122, S_{pc10} = -0.1974x^2 - 1.0542x + 2.9408$	0.95	0.98
11	$A_3B_3C_2$	$VV_{pc11} = 0.8219x^2 - 3.2676x + 5.4271, S_{pc11} = -0.4167x^2 - 1.006x + 3.4643$	0.98	0.98
12	$A_3B_4C_1$	$VV_{pc12} = 0.935x^2 - 3.1662x + 5.099, S_{pc12} = -1.0857x^2 - 3.124x + 1.798$	0.95	0.97
13	$A_4B_1C_2$	$VV_{pc13} = 0.2752x^2 - 1.8238x + 5.2568, S_{pc13} = -0.3709x^2 - 1.7481x + 1.957$	0.95	0.97
14	$A_4B_2C_1$	$VV_{pc14} = 0.8452x^2 - 3.3031x + 5.3871, S_{pc14} = -0.8633x^2 - 2.584x + 2.1429$	0.97	0.998
15	$A_4B_3C_4$	$VV_{pc15} = 0.6657x^2 - 2.4243x + 4.6243, S_{pc15} = -0.1305x^2 - 0.6681x + 4.3886$	0.96	0.97
16	$A_4B_4C_3$	$VV_{pc16} = 0.6276x^2 - 2.2448x + 4.3929, S_{pc16} = -0.3393x^2 - 0.1279x + 4.307$	0.97	0.97

注:表中 VV 表征空隙率(%);S 表征劈裂强度(MPa);x 表征室内成型时机(h)。

由图 5-1 和图 5-2 及表 5-8 可知,多因素条件下 PC-13 的空隙率随室内成型时机的延后呈先下降后上升的趋势,而劈裂强度随室内成型时机的延后呈先上升后下降的趋势,以上趋势均符合二次函数关系,并且两类拟合方程的峰值基本不变。该现象进一步证明了不同因素组合条件仅影响 PC-13 的固化速率,而对 PC-13 的最终强度影响较小。

5.1.5　多因素条件下 PC-13 可成型时间的确定

结合表 5-8 中 PC-13 的空隙率及劈裂强度与室内成型时机的拟合关系方程,依据 PC-13 试件可成型时间的确定方法,计算得到多因素条件下 PC-13 试件的可成型时间,见表 5-9。

多因素条件下 PC-13 试件可成型时间汇总表　　　　　　　表 5-9

序号	因素组合	PC-13 可成型时间(h)	
		最早室内成型时机	最晚室内成型时机
1	$A_1B_1C_1$	40.83	68.97
2	$A_1B_2C_2$	28.58	56.69
3	$A_1B_3C_3$	22.83	42.04
4	$A_1B_4C_4$	13.86	32.70
5	$A_2B_1C_3$	7.85	19.29
6	$A_2B_2C_4$	3.77	11.96
7	$A_2B_3C_1$	2.30	10.19
8	$A_2B_4C_2$	1.81	6.65
9	$A_3B_1C_4$	2.47	6.85
10	$A_3B_2C_3$	1.49	5.91
11	$A_3B_3C_2$	0.64	3.28
12	$A_3B_4C_1$	0.62	2.71
13	$A_4B_1C_2$	1.17	4.52
14	$A_4B_2C_1$	0.69	2.94
15	$A_4B_3C_4$	0.55	2.21
16	$A_4B_4C_3$	0.46	2.26

5.1.6　正交试验结果分析

正交试验完成后,需对正交试验进行结果分析,其中极差分析和方差分析是正交试验结果分析的两种常用方法。极差分析可以简单和直观地给出主要因素与次要因素,并且给出各因素对试验指标是否为正的判断。因此,借助极差分析能清晰地了解单一因素对 PC-13 室内成型时机影响程度的主次顺序。方差分析可以准确地进行误差分析,能够分析多个控制因素的交互作用对观测变量影响的显著程度。借助方差分析,可以分析各因素对 PC-13 室内成型时机影响的显著程度,并对极差分析结果进行验证,从而正确且全面地判断各因素对 PC-13 的影响作用。本研究为了探究不同因素对 PC-13 室内成型时机的影响效果,对正交试验结果进行极差分析和方差分析。

5.1.6.1 极差分析

极差分析可以直观地给出主次要因素,并给出各因素(温度、湿度、催化剂用量)对试验指标影响是否为正的判断。依据表 5-9 的计算结果,对不同因素条件下的 PC-13 最早室内成型时机($T_{\text{pc-earliest}}$)及最晚室内成型时机($T_{\text{pc-latest}}$)进行极差分析,极差分析结果见表 5-10。

PC-13 正交试验极差分析结果　　　　　　　　　　　　表 5-10

评价指标		A	B	$A*B$	C	误差 D
$T_{\text{pc-earliest}}$	K_1	106.10	52.32	46.55	44.44	44.68
	K_2	15.73	34.53	37.60	32.20	33.81
	K_3	5.22	26.32	27.80	32.63	28.39
	K_4	2.87	16.75	17.97	20.65	23.04
	k_1	26.53	13.08	11.64	11.11	11.17
	k_2	3.93	8.63	9.40	8.05	8.45
	k_3	1.31	6.58	6.95	8.16	7.10
	k_4	0.72	4.19	4.49	5.16	5.76
	R	25.81	8.89	7.15	5.95	5.41
$T_{\text{pc-latest}}$	K_1	200.40	99.63	89.10	84.81	83.74
	K_2	48.09	77.50	80.90	71.14	75.99
	K_3	18.75	57.72	58.48	69.50	61.23
	K_4	11.93	44.32	50.69	53.72	58.21
	k_1	50.10	24.91	22.28	21.20	20.94
	k_2	12.02	19.38	20.23	17.79	19.00
	k_3	4.69	14.43	14.62	17.38	15.31
	k_4	2.98	11.08	12.67	13.43	14.55
	R	47.12	13.83	9.60	7.77	6.38

由表 3-37 可知,无论是最早还是最晚室内成型时机,PC-13 各因素的极值排序均为:$R_A > R_B > R_{A*B} > R_C$,表明各因素对室内成型时机影响程度的主次顺序依次为:温度 > 相对湿度 > 温度和相对湿度交互作用 > 催化剂用量。

5.1.6.2 方差分析

极差分析可以直观地表明各因素对 PC-13 室内成型时机影响效果的主次顺序,但极差分析过程中未对因试验条件改变引起的及因试验误差引起的数据波动进行区分。因此针对极差分析的缺陷,本研究继续对 PC-13 室内成型时机的数据进行方差分析,并对分析结果进行讨论,方差分析结果见表 5-11。

PC-13 正交试验方差分析结果   表 5-11

评价指标	方差源	Ⅲ型平方和	自由度 df	均方	F 值	P 值
$T_{\text{pc-earliest}}$	A	1830.082	3	610.027	250.952	0.000 **
	B	183.843	3	61.281	25.210	0.013 *
	$A \times B$	159.190	3	53.063	21.829	0.015 *
	C	118.072	3	39.357	16.191	0.023 *
	误差 D	7.293	3	2.431	—	—
$T_{\text{pc-latest}}$	A	5870.681	3	1956.894	181.983	0.001 **
	B	394.779	3	131.593	12.238	0.034 **
	$A \times B$	278.051	3	92.684	8.619	0.055
	C	201.082	3	67.027	6.233	0.084
	误差 D	32.260	3	10.753	—	—

注:表中 * 和 ** 分别表示指标间存在显著相关($0.01 < P < 0.05$)和极显著相关($P < 0.01$);当 $0.05 < P < 0.1$ 时,表明影响一般显著;当 $P > 0.1$ 时,表明影响不显著,即 P 值越小,因素对评价指标的影响越显著。

由表 5-11 可知,PC-13 的方差分析中,温度因素的 P 值均小于 0.1,表明温度对 PC-13 室内成型时机的影响极显著;湿度的 P 值均小于 0.05,影响显著;温度与湿度交互作用和催化剂用量的 P 值均小于 0.1,影响一般显著。此外,各因素对 PC-13 最早室内成型时机的影响显著高于最晚室内成型时机。

5.1.7 多因素条件下室内成型时机预测模型的建立

依据极差分析结果分别建立单一因素与室内成型时机的拟合方程,然后基于多元非线性回归分析,应用 SPSS 软件建立多因素条件下室内成型时机预测模型。基于极差分析结果,分别以各因素的不同水平作为横坐标,对应的室内成型时机为纵坐标建立各因素与室内成型时机的拟合方程,拟合结果见表5-12。

单一因素与室内成型时机的拟合方程汇总表　　　　　　　　表 5-12

项目	因素	拟合方程	决定系数 R^2	P 值
$T_{\text{pc-earliest}}$	温度 A	$A_{\text{pc1}} = 202.449x^{-1.262}$	0.998	0.00072
	相对湿度 B	$B_{\text{pc1}} = 291.262x^{-0.909}$	0.970	0.00260
	催化剂用量 C	$C_{\text{pc1}} = -1.774x + 12554$	0.830	0.05700
$T_{\text{pc-latest}}$	温度 A	$A_{\text{pc2}} = 244.839x^{-0.984}$	0.994	0.00230
	相对湿度 B	$B_{\text{pc2}} = 253.571x^{-0.676}$	0.960	0.00240
	催化剂用量 C	$C_{\text{pc1}} = -2.373x + 23.38$	0.860	0.03700

由表 5-12 可知,温度及相对湿度与 PC-13 的室内成型时机呈幂函数关系,催化剂用量与室内成型时机呈线性关系,且各项拟合方程的 P 值均小于 0.01,说明拟合精度极高。

结合表 5-12 中单一因素随室内成型时机变化的最优一元非线性回归方程,基于多元非线性回归分析,应用 SPSS 软件建立多因素条件下室内成型时机预测模型,PC-13 的室内成型时机预测模型见式(5-1)和式(5-2),显著性分析结果见表 5-13。

$$T_{\text{pc-earliest}} = 142.987A^{-1.009} + 114.75B^{-0.104} - 1.774C - 72.905 \qquad (5\text{-}1)$$

$$T_{\text{pc-latest}} = 165.897A^{-0.634} + 1392.355B^{-0.009} - 2.373C - 1344.384 \qquad (5\text{-}2)$$

式中:A——温度(℃);

$\quad\ B$——相对湿度(%);

$\quad\ C$——催化剂用量(%)。

PC 室内成型时机预测模型显著性分析　　　　　　　　表 5-13

评价指标	方差源	Ⅲ型平方和	自由度 df	均方	F 值	P 值
$T_{\text{pc-earliest}}$	回归	3117.884	6	519.647	29.659	8.2×10^{-6}
	残差	175.205	10	17.520		
$T_{\text{pc-latest}}$	回归	11286.743	6	1881.124	58.285	3.3×10^{-7}
	残差	322.749	10	32.275		

由表 5-13 可得,各预测模型的 P 值均小于 0.01,说明回归精度极高,因此各模型有效。为了进一步判断多因素条件下 PC-13 室内成型时机预测模型的准确性,将模型拟合的预测值与实际值进行对比,如图 5-3 所示。

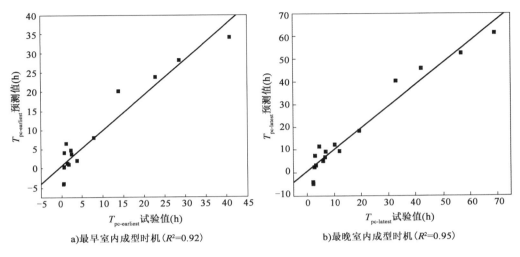

a)最早室内成型时机(R^2=0.92)   b)最晚室内成型时机(R^2=0.95)

图 5-3   PC-13 可成型时间预测模型拟合效果

由图 5-3 可知,PC-13 的室内成型时机预测模型决定系数 R^2 分别为 0.92 和 0.95,拟合精度较高。说明多因素条件下的 PC-13 室内成型时机预测模型准确性较高,在试验研究中可通过上述预测模型对 PC-13 试件的室内成型时机进行计算确定。

5.2   PC-13 施工压实时机研究

提出了 PC-13 室内成型时机的确定方法后,还需要研究 PC-13 施工压实时机的确定方法,以指导施工现场对 PC-13 压实时机的判断。

5.2.1   研究方法

本研究旨在提出一种便捷直观的 PC-13 施工现场压实时机的确定方法,以贯入阻力量化 PC-13 的固化程度,进而确定压实时机,并根据压实时机建立催化剂用量预测模型。施工阶段压实操作判定流程如图 5-4 所示。

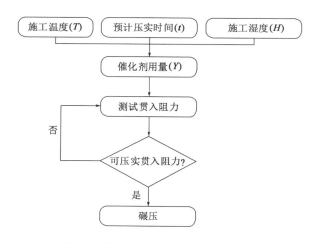

图 5-4　施工阶段压实操作判定流程

5.2.2　贯入阻力系统的开发

5.2.2.1　工作原理

PC 是由 PPU 胶结料和集料颗粒混合而成的颗粒型材料,具有一定的"流变"特性,即 PC 在拌和完成初期拥有较好的流动性,随着固化程度的不断增加,其流动性逐步降低,强度逐步增大。在土工试验中,贯入阻力试验通常用于模拟土体的剪切破坏,以评价其力学性质,而 PC 的压实成型也是不断抵抗剪切变形的过程,与粗颗粒的土体受剪切破坏的过程具有相似的工作机理。因此,可通过贯入阻力测定 PC 的抗剪切变形性能,进而评价其固化反应程度。

根据以上原理,为测定 PC-13 强度随固化时间的变化规律,进而确定其压实时机。研究开发的贯入阻力测试系统由 UTM-25 沥青混凝土多功能试验机及贯入阻力测试装置组成。

图 5-5　贯入阻力测试系统实物

5.2.2.2　测试系统

采用的加载装置为最大加载能力 25kN、精度 0.1N 的 UTM-25 沥青混凝土多功能试验机,通过内置软件进行参数调整,可输出力-位移关系曲线,并能设定贯入速率和贯入深度。贯入阻力测试装置包括贯入箱和贯入板两部分,将贯入板与 UTM-25 连接后,即可对贯入箱中的 PC 进行贯入阻力测定,测试系统实物如图 5-5 所示。

在研究松散材料时,容器尺寸需为材料最大颗粒尺寸的 5 倍以上。为了使材料受力均匀,贯入箱采用由厚钢材制成圆柱体箱,箱体可承受较大荷载且不易变形。箱体内壁上部对称设置四处卡槽以防贯入板在加载过程中发生错动而损坏设备,通过设置间隙以避免正常试验下卡槽与贯入板产生接触而影响试验结果,装置具体尺寸如图 5-6 所示。

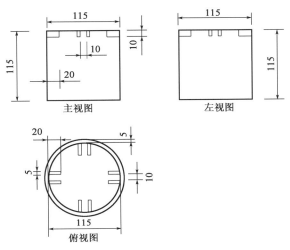

图 5-6 试验箱设计三视图(尺寸单位:mm)

为保证贯入板的受力均匀且不偏心,开发了以不锈钢为材料的十字形对称式贯入板,贯入板刻制斜 45°的花纹以增大摩擦力,装置具体尺寸如图 5-7 所示。

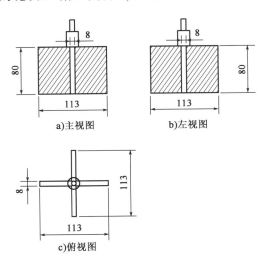

图 5-7 贯入板三视图(尺寸单位:mm)

5.2.2.3 贯入阻力试验流程

采用控制应变的加载方式,主要步骤为:首先,开启试验设备 UTM-25 沥青混凝土多功能试验机,打开测试软件,设定贯入深度终止值40mm及贯入速率20mm/min,将贯入板安装于设备试验工作室内,并调整贯入板高度及平台高度,完成测试前的调试工作。其次,按照试验用量和配比准备矿料和PPU胶结料,然后将搅拌锅调整到所测PC的设定温度,先将集料搅拌90s,再倒入PPU胶结料及催化剂搅拌90s,之后加入矿粉再次搅拌90s,完成搅拌。然后,将1600g PC材料装入贯入箱中,并对其表面进行整平。最后,将装好料的贯入箱放置于贯入板的正下方并对中,贯入板底部降至邻近PC材料表面但不接触,点击操作软件的"开始"键进行试验,达到设定贯入深度后仪器自动停止,此时测试软件中显示的压力值即为贯入阻力。

5.2.3　可压实贯入阻力的确定与验证

5.2.3.1　可重复性研究及最佳贯入深度确定

重复性试验可以直接有效地验证仪器和试验方法的可靠性。为此,对PC-13(胶石比为7%)在所用材料和试验条件完全相同的情况下进行了三组重复贯入阻力试验,贯入深度与贯入阻力的关系曲线如图5-8所示。

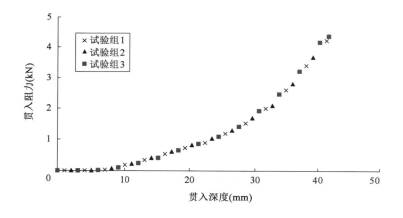

图5-8　PC-13重复贯入阻力试验结果

图5-8表明,PC-13的三次重复贯入阻力试验的曲线基本重合,且曲线斜率越来越大,这说明贯入阻力随着贯入深度的增大而增大,原因是贯入板在以一定速率下降的过程中会和贯入箱内壁集料发生摩擦,使容器内混凝土不断被压实,集料颗粒间相互嵌挤,逐层传递,造成贯入阻力不断增大,且增大的速率越来越快。

由于PC的组成成分大部分为矿料颗粒,即使PPU胶结料起到一定的黏结作用,但本质仍是一种典型的颗粒型松散材料,因而试验结果具有一定的离散性。结合图5-8的试验数据计算得到三次试验的变异系数(变异系数指三组数据的标准差与平均数的比值)如图 5-9 所示。

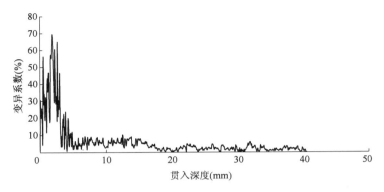

图 5-9　重复贯入阻力试验变异系数计算结果

由图 5-9 可知,贯入阻力检测结果在贯入深度为 5mm 时变异系数趋于稳定,变异系数最大不超过 10%,以此可以判断在贯入深度不小于 5mm 时,此时贯入阻力测试系统及其对应试验方法的试验结果变异程度较小,具有良好的重复性,所以采用 5mm 作为最佳贯入深度。

5.2.3.2　可压实贯入阻力的确定

在温度 25℃、湿度 30%、环烷基催化剂用量 0.6% 的试验条件下,已知可压实时间为 90 ~ 120min[5],对该条件下的 PC-13 进行三组贯入阻力测试重复试验,测试时间从 PC-13 拌和完成后开始计时,以 30min 为间隔依次测定,贯入阻力测试结果见表 5-14,贯入阻力与固化时间的关系曲线如图 5-10 所示。

贯入阻力测试结果　　　　　　　　　　　　　　表 5-14

| 固化时间 | 贯入阻力(kN) | | | | 变异系数 |
(min)	第一组	第二组	第三组	平均数	(%)
0	0.0847	0.0855	0.0876	0.0860	1.45
30	0.1186	0.1213	0.1173	0.1191	1.39
60	0.1444	0.1416	0.1412	0.1424	1.01
90	0.1755	0.1723	0.1676	0.1718	1.90
120	0.2304	0.2283	0.2362	0.2316	1.44
150	0.3357	0.3381	0.3283	0.3340	1.25
180	0.3880	0.3815	0.3811	0.3836	0.83

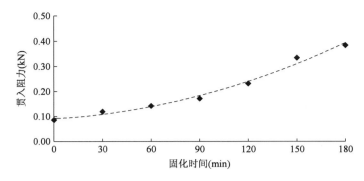

图 5-10　贯入阻力与固化时间的关系曲线

对图 5-10 所示的试验结果进行回归分析,结果表明贯入阻力与固化时间具有良好的指数方程关系,得到贯入阻力和压实时间的关系方程为:

$$Y = 0.000006X^2 + 0.0004X + 0.0905$$
$$R^2 = 0.9867 \tag{5-3}$$

式中:Y——贯入阻力(kN);

X——固化时间(min)。

由回归分析可得,贯入阻力和压实时间的关系方程的决定系数大于 0.95,所以贯入阻力和压实时间相关性显著。利用式(5-3),根据可压实时间(90～120min)即可求得在温度 25℃、湿度 30%、催化剂用量 0.6% 的试验条件下,可压实贯入阻力值范围为 0.20kN ±0.03kN。

5.2.3.3　可压实贯入阻力的验证

为了验证上述得到的可压实贯入阻力的可靠性,利用其他代表性试验条件对其进行验证,代表性试验条件见表 5-15。其中,温度是指矿料温度,5℃ 代表低温施工温度,25℃ 代表常温,45℃ 代表高温;湿度 30% 代表干燥,55% 代表中湿,80% 代表潮湿;催化剂用量则通过前期试验经验及气温条件进行调整。

可压实贯入阻力验证代表性试验条件　　　　　　　　　　表 5-15

温度(℃)	湿度(%)	催化剂用量(%)		
5	30	1.0	1.2	1.4
	55	0.8	1.0	1.2
	80	0.6	0.8	1.0
25	30	0.6	0.8	1.0
	55	0.4	0.6	0.8
	80	0.0	0.2	0.4

续上表

温度(℃)	湿度(%)	催化剂用量(%)		
	30	0.0	0.2	0.4
45	55	0.0	0.1	0.2
	80	0.0	0.05	0.1

利用贯入阻力测试系统测试不同试验组合下 PC-13 的贯入阻力,并将达到可压实贯入阻力范围值(0.20kN±0.03kN)时的 PC-13 制备成马歇尔试件以测试其空隙率,并通过验证其空隙率是否处于容许空隙率(2.0%～3.5%)范围内验证可压实贯入阻力的可靠性,验证结果见表5-16～表5-18。

5℃下可压实贯入阻力可靠性验证结果　　　　　　　表5-16

试验条件		贯入阻力 (kN)	空隙率 (%)	可靠性
湿度(%)	催化剂用量(%)			
	1.0	0.1774	3.1	可靠
30	1.2	0.2014	2.7	可靠
	1.4	0.1947	3.0	可靠
	0.8	0.2141	3.5	可靠
55	1.0	0.2133	2.8	可靠
	1.2	0.2221	2.9	可靠
	0.6	0.2175	3.3	可靠
80	0.8	0.2214	3.4	可靠
	1.0	0.2031	3.2	可靠

25℃下可压实贯入阻力可靠性验证结果　　　　　　　表5-17

试验条件		贯入阻力 (kN)	空隙率 (%)	可靠性
湿度(%)	催化剂用量(%)			
	0.8	0.2213	3.3	可靠
30	1.0	0.1991	2.1	可靠
	0.2	0.1975	2.8	可靠
	0.4	0.2231	3.3	可靠
55	0.6	0.1932	2.4	可靠
	0.0	0.1989	3.4	可靠

续上表

试验条件		贯入阻力	空隙率	可靠性
湿度（%）	催化剂用量（%）	（kN）	（%）	
	0.2	0.1974	3.4	可靠
80	0.4	0.2176	3.5	可靠
	1.0	0.2031	3.4	可靠

45℃下可压实贯入阻力可靠性验证结果　　　　　　　　表 5-18

试验条件		贯入阻力	空隙率	可靠性
湿度（%）	催化剂用量（%）	（kN）	（%）	
	0.0	0.2213	3.3	可靠
30	0.2	0.1952	2.1	可靠
	0.4	0.2113	3.2	可靠
	0.0	0.2217	2.7	可靠
55	0.1	0.2017	3.1	可靠
	0.2	0.1964	3.4	可靠
	0.0	0.1974	3.5	可靠
80	0.05	0.2134	3.3	可靠
	0.1	0.2211	2.9	可靠

由表 5-16 ~ 表 5-18 可得，在不同的试验条件下，若贯入阻力达到可压实贯入阻力（0.20kN ± 0.03kN）范围值内，其空隙率均满足容许空隙率要求。因此，可压实贯入阻力的可靠性得以验证。

5.2.4　催化剂用量预测模型

上述研究表明，当 PC 达到可压实贯入阻力（0.20kN ± 0.03kN）范围进行压实时，其空隙率满足要求，所以定义该贯入阻力对应的固化时间为可压实时间，据此建立以温度、湿度及可压实时间为变量的催化剂用量预测模型。

对表 5-17 中的代表性试验条件进行可压实时间的确定，并取其中值作为最佳可压实时间，试验结果如图 5-11 ~ 图 5-13 所示。

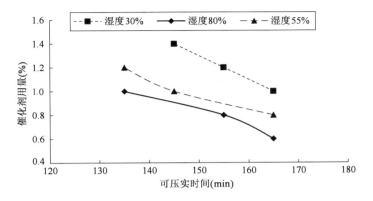

图 5-11　5℃下的最佳压实时间

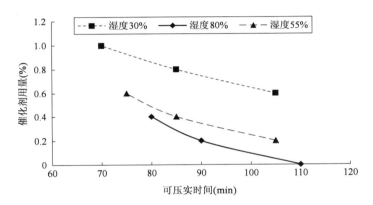

图 5-12　25℃下的最佳压实时间

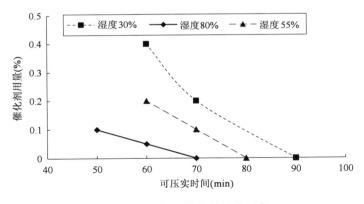

图 5-13　45℃下的最佳压实时间

通过数据回归分析,建立以温度、湿度及最佳可压实时间为变量的催化剂用量预测模型:

$$Y = 2.482282 - 0.035015T + 0.008075H - 0.006166t$$

$$R^2 = 0.89 \tag{5-4}$$

式中：Y——催化剂用量(%)；

T——温度(℃)；

H——湿度(%)；

t——最佳可压实时间(min)。

对预测模型进行方差分析，结果见表5-19。

催化剂用量预测模型方差分析表

表5-19

模型	平方和 SS	自由度 df	均方差 MS	F 值	P 值
回归	4.416	3.000	1.472	59.807	0.000
残差	0.025	23.000	0.025		
总计	4.982	26.000			

由表5-19可知 P 值小于0.01，表明催化剂用量预测模型有效。

5.3　本章小结

（1）在代表性试验条件下，确定了 PC-13 的可压实时间的判定指标和标准，即最早压实时机判定标准为空隙率不大于3.50%，最晚压实时机判断标准为劈裂强度不小于2.28MPa。结合正交试验结果，通过非线性回归分析建立了可靠的 PC-13 室内可压实时间预测模型。

（2）自主开发了贯入阻力测试系统，确定了该系统的操作流程及 $0.20kN \pm 0.03kN$ 贯入阻力为压实时机判定指标，并在此基础上建立了催化剂用量预测模型，提出一种 PC-13 施工现场压实时机的确定方法。

本章参考文献

[1] 陈华鑫,卢军,彭廷,等.改性沥青的粘度特性和施工温度控制[J].石油沥青,2003(4):43-46.

[2] 郑健龙,陈骁,钱国平.松散热态沥青混合料压实力学响应及其粘弹塑性模型参数分析[J].工程力学,2010,27(1):33-40.

[3] 陈骁,应荣华,郑健龙,等.基于 MTS 压缩试验的热态沥青混合料黏弹塑性模型[J].

中国公路学报,2007(6):25-30.

[4] 芦武刚,王钧.温度和湿度对聚醚型聚氨酯固化质量的影响[J].玻璃钢/复合材料, 2013(2):28-33.

[5] 徐世法,张业兴,郭昱涛,等.基于贯入阻力测试系统的聚氨酯混凝土压实时机确定 方法[J].中国公路学报,2021,34(7):226-235.

聚氨酯混凝土的养生
与开放交通时机

由于 PPU 胶结料的固化反应时间较长,因此,PC 需要一定的养生期后才能达到最终强度,而且养生条件不同,其养生期也会存在差异。PC 由于强度高,在养生期间达到一定强度后即可承受车辆荷载而予以开放交通,该强度即为可开放交通强度,该养生时间即为可开放交通时机。首先研究 PC-13 的室内和室外养生强度形成规律,再确定出 PC-13 的开放交通强度,并采用加速加载试验验证其可靠性,在此基础上结合 PC-13 恒温恒湿养生试验下的强度增长规律建立开放交通时机预测模型。

6.1 PC-13 室内养生强度形成规律

由于 PPU 自身的性质,PC 铺装材料的强度形成受温度和湿度等因素的影响较大,强度增长规律不同于传统的沥青类铺装材料[1]。在多种因素的影响下,PC 铺装材料存在强度增长规律不明确、养生时间难以确定的问题[2-5]。根据其物理力学特性及可施工气候环境,选取温度、湿度和催化剂用量各三种作为影响因素,以及选取劈裂强度作为 PC-13 试件强度增长的代表性评价指标,进行了恒温恒湿养生试验,分析了其强度变化规律,在此基础上建立 PC-13 达到最终强度的养生时间预测模型。

6.1.1 正交试验设计

正交试验选取养生时间作为考核指标,温度、湿度和催化剂用量作为影响因素。利用正交试验手段建立 $L_{15}(5^1 \times 3^2)$ 混合正交,共 15 种试验条件,见表 6-1。

$L_{15}(5^1 \times 3^2)$ 混合正交试验表

表 6-1

编号	温度(℃)	湿度(%)	催化剂用量(%)
1	5	20	0.2
2	25	50	0.2
3	45	80	0.2
4	45	50	0.4
5	25	20	0.4
6	5	80	0.4

编号	温度(℃)	湿度(%)	催化剂用量(%)
7	5	50	0.6
8	25	80	0.6
9	45	20	0.6
10	45	20	0.8
11	25	80	0.8
12	5	50	0.8
13	5	50	1.0
14	25	80	1.0
15	45	20	1.0

6.1.2 室内养生强度形成规律试验

恒温恒湿养生试验即采用标准恒温恒湿养护箱设定恒定的温度和湿度对 PC-13 试件养生。

彭勇等[6]研究发现,试验温度对沥青混凝土的劈裂强度有显著的影响,劈裂强度会随着试验温度的升高而降低,且温度越高,影响程度越明显。所以选取劈裂试验为评价方法,以劈裂强度为指标,对 PC-13 养生过程中的力学强度进行评价。为了准确测定 PC-13 的劈裂强度,减少试验误差,统一对不同养生环境中的试件进行试验温度为 15℃ 、加载速率为 50mm/min 条件下的劈裂试验。

具体试验方案为:根据不同养生条件成型足量马歇尔试件,一同带模放入恒温恒湿箱中进行养生,每隔 24h 取出部分试件脱模装入真空密封袋中,再置于温度为 15℃ 的恒温水浴箱中保温 2h,保温完成后将试件从袋中取出并进行劈裂试验,以此得到 PC-13 的劈裂强度随着养生时间的变化规律。前期大量试验表明,PC-13 养生完成后,其力学强度趋于稳定,因此,以 PC-13 试件劈裂强度达到稳定状态的时间作为养生完成时间。

6.1.3 强度形成规律分析

按照不同环烷基催化剂用量(0.2% 、0.4% 、0.6% 、0.8% 、1.0%),绘制表 6-1 中 15 种养生条件下 PC-13 劈裂强度随养生时间的变化规律,如图 6-1 ~ 图 6-5 所示。

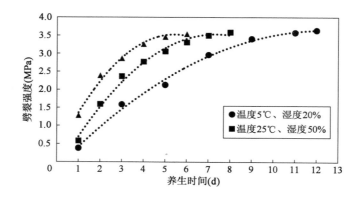

图 6-1　催化剂用量 0.2% 下 PC-13 劈裂强度随养生时间的变化曲线

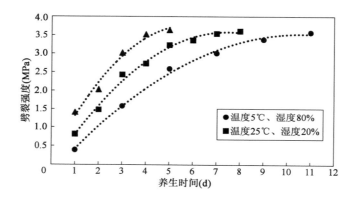

图 6-2　催化剂用量 0.4% 下 PC-13 劈裂强度随养生时间的变化曲线

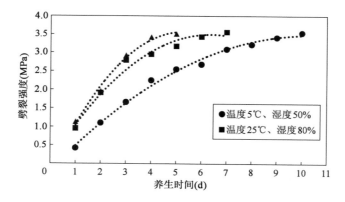

图 6-3　催化剂用量 0.6% 下 PC-13 劈裂强度随养生时间的变化曲线

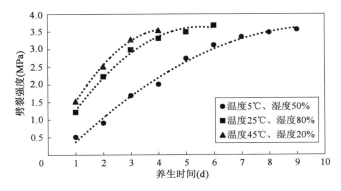

图 6-4 催化剂用量 0.8% 下 PC-13 劈裂强度随养生时间的变化曲线

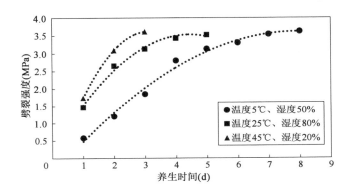

图 6-5 催化剂用量 1.0% 下 PC-13 劈裂强度随养生时间的变化曲线

由图 6-1~图 6-5 可知：

(1)对同一催化剂用量下 PC-13 的劈裂强度变化规律进行横向对比可以发现,在催化剂用量一定的情况下,随着温度的上升,劈裂强度的增长速度逐渐变快,养生时间也逐渐减少;对不同催化剂用量下 PC-13 的劈裂强度变化规律进行纵向对比可以发现,随着催化剂用量的增加养生时间逐渐减少,催化剂用量每增加 0.2%,养生时间减少 1d 左右。

(2)不同养生试验条件下 PC-13 所能达到的最高劈裂强度基本一致,约为 3.6MPa,远远高于改性沥青混凝土(1.12MPa)。

(3)不同的养生试验条件只会影响 PC 的养生时间,并不会改变其最终所能达到的力学强度。

(4)15 种养生试验条件下 PC-13 劈裂强度增长规律相似,前期增长速率较快,后期增长速率逐渐放缓至稳定状态。

结合 15 种养生试验条件下 PC-13 劈裂强度的增长规律及养生时间,得到每种养生条件下 PC-13 劈裂强度增长拟合方程和养生时间,见表 6-2。

不同养生试验条件下 PC-13 劈裂强度增长拟合方程与养生时间　　　表 6-2

编号	温度 (℃)	湿度 (%)	催化剂 用量(%)	强度增长拟合方程	决定系数 R^2	养生时间 (d)
1	5	20	0.2	$y = -0.0249x^2 + 0.6175x - 0.1749$	0.9945	12
2	25	50	0.2	$y = -0.0707x^2 + 1.037x - 0.2682$	0.9906	8
3	45	80	0.2	$y = -0.1113x^2 + 1.2048x - 0.269$	0.9894	6
4	45	50	0.4	$y = -0.1064x^2 + 1.2336x - 0.194$	0.9815	5
5	25	20	0.4	$y = -0.0667x^2 + 0.9957x - 0.1302$	0.9921	8
6	5	80	0.4	$y = -0.0337x^2 + 0.7153x - 0.263$	0.9963	11
7	5	50	0.6	$y = -0.0342x^2 + 0.7082x - 0.1847$	0.9889	10
8	25	80	0.6	$y = -0.0849x^2 + 1.0808x - 0.0543$	0.9767	7
9	45	20	0.6	$y = -0.1379x^2 + 1.4501x - 0.248$	0.9909	5
10	45	20	0.8	$y = -0.1825x^2 + 1.5915x - 0.1075$	0.9985	4
11	25	80	0.8	$y = -0.1146x^2 + 1.2711x - 0.11$	0.9925	6
12	5	50	0.8	$y = -0.0407x^2 + 0.813x - 0.4007$	0.9899	9
13	5	50	1.0	$y = -0.0625x^2 + 1.0355x - 0.4936$	0.9755	8
14	25	80	1.0	$y = -0.1686x^2 + 1.4994x - 0.196$	0.9899	5
15	45	20	1.0	$y = -0.415x^2 + 2.595x - 0.44$	0.9998	3

注:y 为劈裂强度;x 为养生时间。

由表 6-2 可知,不同养生试验条件下 PC-13 劈裂强度的增长趋势均符合二次多项式拟合形式,且决定系数 R^2 均在 0.9 以上,这说明可以通过不同养生试验条件下 PC-13 劈裂强度的增长规律建立其养生时间预测模型。

6.1.4　室内养生时间预测模型

以温度 A、湿度 B、催化剂用量 C 为自变量,养生时间 D 为因变量,通过非线性多元拟合得出不同温度、湿度和催化剂用量下 PC-13 的室内养生时间预测模型[式(6-1)],并进行方差分析,见表 6-3。

$$D = 0.01283A^2 + 5.8 \times 10^{-5}B^2 - 1.786023C^2 - 0.201141A - 0.101198B -$$
$$2.021238C + 13.43182 \qquad R^2 = 0.93 \tag{6-1}$$

式中:A——温度(℃);

　　　B——湿度(%);

C——催化剂用量（%）；

D——养生时间（d）。

PC-13 室内养生时间预测模型方差分析表 表 6-3

模型	平方和 SS	自由度 df	均方差 MS	F 值	P 值
回归	858.376	4	214.594	3764.81	0.00
残差	0.624	11	0.057		
修正前总计	859.000	15			
总计后总计	95.733	14			

由表 6-3 可见，P 值小于 0.01，表明 PC 养生时间预测模型有效。

6.2　PC-13 室外自然养生强度形成规律

由于 PC 在实际摊铺、碾压及后期养生的过程中，其环境温度和湿度都处于波动状态，所以有必要对自然养生条件下 PC 的强度增长规律及养生时间进行研究，以此对室内养生时间预测模型进行验证，保证该方程能准确地对自然养生环境下的养生时间进行预测，为不同环境下养生时间的确定提供依据。

6.2.1　自然养生条件的划分及试验方案

分析北京地区全年温湿曲线（图 6-6），结合 PC 的施工和易性要求，确定 PC 适宜施工月份为 3—11 月。以温湿度相近为原则，将施工月份划分为 4 种典型月份组合，见表 6-4。

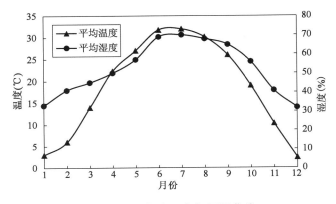

图 6-6　北京地区全年温湿曲线

典型施工月份组合 表6-4

典型施工组合	月份	平均温度(℃)	平均湿度(%)
1	6	32	69
	7	32	70
	8	30	68
2	5	27	57
	9	26	65
3	4	22	47
	10	19	56
4	3	14	45
	11	10	41

自然养生试验即将马歇尔试件置于室外自然环境中带模具进行养生。与本书6.1.2小节中的试验方法和方案类似,养生环境由恒温恒湿箱替换成室外自然环境。自然养生试验中的养生时间,也均以 PC-13 的劈裂强度达到稳定状态为标准。

6.2.2　强度形成规律分析

选取 8 月、9 月、10 月和 11 月为 4 种典型组合的代表月份,进行 PC-13 自然养生试验。为了方便对室内养生时间预测模型进行验证,每个月份选取两种典型的养生试验条件,以其自然养生期内的平均温度、平均湿度和所用的催化剂用量作为该养生期下的养生条件,4 个月份自然养生下的 PC-13 强度变化规律分别如图 6-7 ~图 6-10所示。

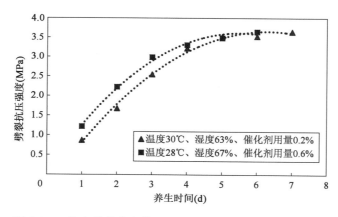

图 6-7　8 月自然养生条件下 PC-13 试件强度变化规律曲线

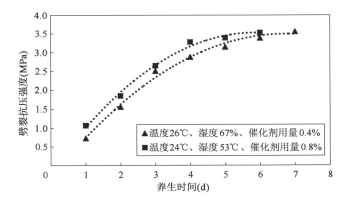

图 6-8　9 月自然养生条件下 PC-13 试件强度变化规律曲线

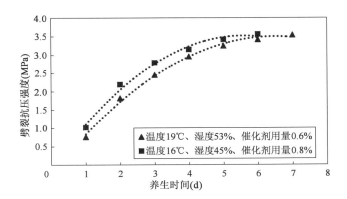

图 6-9　10 月自然养生条件下 PC-13 试件强度变化规律曲线

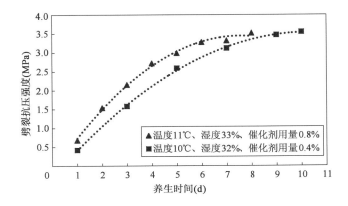

图 6-10　11 月自然养生条件下 PC-13 试件强度变化规律曲线

由图 6-7 ～图 6-10 可知：

（1）PC-13 在自然环境下养生最终所能达到的劈裂强度为 3.6MPa 左右，与恒温恒湿养生下所能达到的最高力学强度一致。

（2）对 PC-13 的强度变化趋势进行拟合，可以发现其增长趋势也与恒温恒湿养生下的强度增长规律相似。这进一步说明不同的养生条件只会影响 PC 强度形成时间，并不会改变其最终所能达到的力学强度。

6.2.3　室内养生时间预测模型的验证

通过自然养生试验可得出每种自然养生环境下实际所需的养生时间，将自然养生期内的平均温度 A、平均湿度 B 及催化剂用量 C 代入室内养生时间预测模型［式(6-1)］可预测出该养生环境下所需的养生时间，自然养生实际所需时间、模型预测时间以及两者的误差见表 6-5。

实际养生时间与模型预测时间关系　　　　　　　　表 6-5

月份	平均温度（℃）	平均湿度（%）	催化剂用量（%）	自然养生时间（d）	模型预测时间（d）	误差（%）
8	30	63	0.2	7	7.55	8
	28	67	0.6	6	6.41	7
9	26	67	0.4	7	7.44	6
	24	53	0.8	6	6.11	2
10	19	53	0.6	7	7.65	9
	16	45	1.0	6	6.31	5
11	10	32	0.4	10	10.13	1
	8	41	1.0	8	8.11	1

由表 6-5 可知，模型预测时间比实际养生所需时间稍高，但误差均在 10% 以下，说明室内养生时间预测模型可较准确地预测自然养生下 PC-13 的养生时间。

6.2.4　低温环境下养生强度形成规律

前期研究表明，PPU 的流动性会随温度的降低而减弱，这大大影响到了 PC 的施工和易性。通过研究 PC 在低温环境下的养生强度形成规律，确定 PC 的最低养生温度，为 PC 能否在低于《公路沥青路面施工技术规范》（JTG F40—2004）[6] 要求的最低温度下施工的研究提供一定帮助。

（1）温度选择。

PPU 的流动性会随温度变化。采用数字式布氏黏度计对不同温度下的 PPU 进行测试，测试结果如图 6-11 所示。

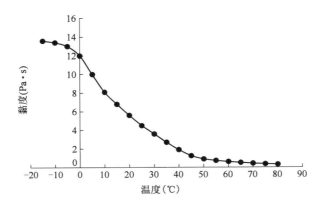

图 6-11　PPU 布氏黏度曲线

由图 6-11 可知,PPU 的黏度随温度的升高逐渐降低,在 0～40℃ 温度范围内时,PPU 的黏度下降幅度较大,下降了 8Pa·s;温度达到 0℃ 前和达到 40℃ 后的下降幅度较小,其中温度从 40℃ 升至 80℃ 时,黏度仅下降不到 2Pa·s。PPU 的这一特性,使得 PC 的施工和易性随温度的下降逐渐变差,在温度太低时会由于 PPU 的流动性太差而难以拌和施工。

因此,将 PPU 分别放置在温度为 −10℃、−5℃、0℃、5℃ 和 10℃ 的环境箱中放置 24h,再分别将上述 5 种温度下的 PPU 在试验室拌和锅内与矿料一起进行试拌,观察 PPU 对矿料的裹覆状态。试验发现,−10℃、−5℃ 和 0℃ 条件下的混合料均出现了花白料,PPU 无法均匀地裹覆矿料。因此,选择 5℃ 作为能达到施工和易性要求的最低养生温度。

(2)湿度选择。

湿度是 PPU 发生固化交联反应及 PC 强度形成中必不可少的条件。北京地区全年月平均最低湿度约为 30%,最高湿度约为 70%。为使研究更贴近实际冬季施工 PC 的养生环境,选取 20% 作为低温养生湿度。

(3)催化剂用量。

在实际施工过程中,往往需要在 PPU 中加入催化剂以调控其固化反应时间,满足施工容留时间的要求,选取 0.2%、0.4%、0.6%、0.8% 和 1.0% 作为环烷基催化剂用量。

(4)强度形成规律分析。

按照不同环烷基催化剂用量,绘制 5℃ 和 20% 湿度养生条件下 PC-13 劈裂强度随养生时间的变化规律,如图 6-12～图 6-16 所示。

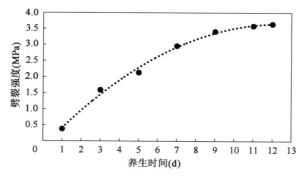

图 6-12　催化剂用量 0.2% 下 PC-13 劈裂强度随养生时间的变化规律曲线

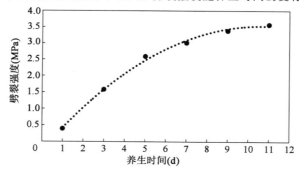

图 6-13　催化剂用量 0.4% 下 PC-13 劈裂强度随养生时间的变化规律曲线

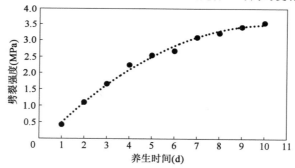

图 6-14　催化剂用量 0.6% 下 PC-13 劈裂强度随养生时间的变化规律曲线

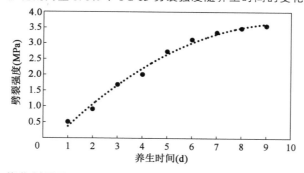

图 6-15　催化剂用量 0.8% 下 PC-13 劈裂强度随养生时间的变化规律曲线

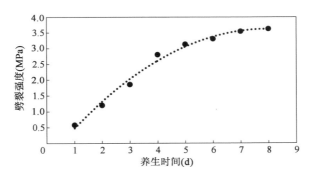

图 6-16　催化剂用量 1.0% 下 PC-13 劈裂强度随养生时间的变化规律曲线

由图 6-12 ~ 图 6-16 可知：

（1）低温养生试验条件下 PC-13 所能达到的最高力学强度与基本一致，劈裂强度约为 3.6MPa 左右，远远高于沥青混凝土。

（2）对不同催化剂用量下 PC-13 的劈裂强度变化规律进行纵向对比可以发现，随着催化剂用量的增加养生时间逐渐减少，催化剂用量每增加 0.2%，养生时间减少 1d 左右；低温条件下进行养生，其到达最高强度的时间较常温养生增加近 1 倍。

（3）低温养生试验条件下 PC-13 的劈裂强度变化规律与常温相似，前期增长速率较快，后期增长速率逐渐放缓至稳定状态。

6.3　PC-13 开放交通时机确定方法

通过分析劈裂强度与高低温性能、水稳定性和疲劳性能的关系确定 PC-13 的开放交通强度，并通过加速加载试验验证该强度的可靠性；然后基于恒温恒湿养生试验下的 PC-13 强度增长规律及确定的开放交通强度，建立开放交通时机预测模型。

6.3.1　开放交通时机预测模型研究方案

PC-13 的强度随养生时间的延长而不断增长，为了建立开放交通时机预测模型，需首先确定其可开放交通强度，进而结合 PC-13 的强度增长规律确定出不同养生环境下达到该强度的时间，最终建立起 PC-13 开放交通时机预测模型。

开放交通时机预测模型研究方案如下：

PC-13 作为一种新型的耐久型铺装材料，其各项路用性能均较沥青混凝土提出了更高的技术要求，因此开放交通强度既要满足本书 1.2.1 小节中规定的 PC-13 最低技术要求,又要避免开放交通后车辆荷载等因素对其造成结构性破坏,保证在该强度下开放交通对其后期强度增长几乎无影响,从而达到延长道路使用寿命的目的。为了建立 PC-13 开放交通时机预测模型,参考本书 6.1.4 小节中养生时间预测模型的建立方法,以劈裂强度作为力学评价指标。

(1)拟定开放交通强度初始研究范围。因为 PC-13 的模量接近沥青混凝土,与沥青混凝土在路面荷载作用下力学响应的规律相似,所以开放交通强度研究范围的下限以沥青混凝土为参考,而上限为 PC-13 的最终劈裂强度。《公路沥青路面施工技术规范》(JTG F40—2004)规定,沥青混凝土摊铺后其表面温度需降至 50℃ 以下才可开放交通,在该温度下对性能较优的 SBS 改性沥青混凝土进行劈裂试验,得出其最高劈裂强度不会超过 1.2MPa,且 PC-13 的最终劈裂强度为 3.6MPa 左右。由此初步确定 PC-13 的开放交通强度范围为 1.2~3.6MPa,在此范围内拟定等梯度的 5 种劈裂强度(1.2MPa、1.8MPa、2.4MPa、3.0MPa、3.6MPa)。

(2)确定可以满足规范规定的 PC-13 路用性能及表面功能技术要求(表 1-4)的最低力学强度。对达到上述 5 种劈裂强度的 PC-13 试件的动稳定度、冻融劈裂强度、低温弯曲应变及疲劳寿命进行测试,建立起劈裂强度指标和上述四项路用性能指标的关系,由此确定四项路用性能满足各自技术要求的最低劈裂强度,分别计为 Q_1、Q_2、Q_3 和 Q_4。以 $Q = \max(Q_1, Q_2, Q_3, Q_4)$ 作为初定的可开放交通强度,并测试该强度下 PC-13 的抗滑、抗渗透性能,保证该强度同时满足表 1-4 中规定的 PC-13 的表面功能技术要求。

(3)以该强度下开放交通的混凝土后期强度与养生完全后的混凝土强度差值低于 5% 为标准,采用加速加载试验验证初定的开放交通强度的可靠性。对达到开放交通强度要求的 PC-13 试件进行模拟碾压直至其养生期结束,分别对碾压后和未碾压的取芯试件进行劈裂试验并对比两种试件的劈裂强度,以探究行车荷载对 PC-13 最终劈裂强度的影响。

(4)结合 PC-13 恒温恒湿养生试验下的强度增长规律,计算出不同养生试验条件下达到开放交通强度分别所需的养生时间,采用非线性回归模型建立的方法据此建立 PC-13 开放交通时机预测模型。

6.3.2　不同劈裂强度下的路用性能测试

为了保证能准确判断 PC-13 试件劈裂强度达到 1.2MPa、1.8MPa、2.4MPa、3.0MPa 和 3.6MPa 时所需的养生时间,及时测试达到该强度时 PC-13 试件的路用性能,需选择一种既能保证试验结果的稳定性,又能节省养生时间的养生条件。综合对比分析,选择温度25℃、湿度80%、环烷基催化剂用量0.6%的条件进行养生。由表6-2可得该养生条件下PC-13的强度增长方程:

$$y = -0.0849x^2 + 1.0808x - 0.0543 \tag{6-2}$$

式中:x——养生时间(d);

y——劈裂强度(MPa)。

根据式(6-2)可计算出PC-13达到上述5种劈裂强度所需的养生时间分别为1.17d(28h)、1.90d(46h)、2.78d(67h)、3.96d(95h)、6.00d(144h)。

根据上述5种养生时间对应成型5组PC-13试件,并置于恒温恒湿箱中进行养生,再依次取出达到相应养生时间的一组试件进行路用性能测试,最后根据5组试件的路用性能分析结果,确定满足每种PC-13路用性能各自技术要求的最低劈裂强度。

6.3.2.1 高温抗车辙性能

对达到5种劈裂强度的PC-13试件进行车辙试验,试验结果如图6-17所示。

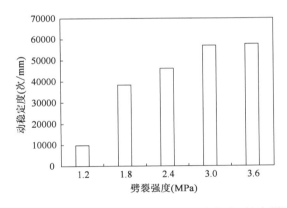

图6-17 PC-13试件不同劈裂强度下的动稳定度(抗车辙试验)

由图6-17可知:

(1)随着PC-13劈裂强度的不断增加,其动稳定度也在不断增加,抗车辙能力在逐步提升。

(2)PC-13劈裂强度由1.2MPa增加至3.6MPa的过程中,动稳定度在强度形成初期增长较快,后期逐渐平稳;当劈裂强度不再增长时,PC-13动稳定度也达到最高。

(3)PC-13在1.2MPa的劈裂强度下动稳定度为9865次/mm,且其动稳定度最终可达57634次/mm,已远超现有的沥青类铺装材料。

为了确定 PC-13 动稳定度满足其技术要求所需的最低劈裂强度,对劈裂强度和动稳定度进行二次多项式拟合,拟合曲线如图 6-18 所示,拟合方程见式(6-3)。

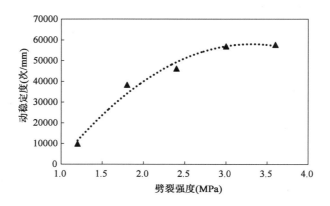

图 6-18　PC-13 试件劈裂强度与动稳定度关系图

$$y = -10440x^2 + 69142x - 56497 \qquad R^2 = 0.980 \qquad (6\text{-}3)$$

式中:x——劈裂强度(MPa);

　　　y——动稳定度(次/mm)。

由式(6-3)可以求出当 PC-13 的动稳定度满足表 1-4 中技术要求时,即达到 25000 次/mm 时,劈裂强度的值为 $Q_1 = 1.53\text{Pa}$。

6.3.2.2　低温抗裂性能

对达到拟定的 5 种劈裂强度的 PC-13 试件进行低温弯曲试验,试验结果如图 6-19 所示。

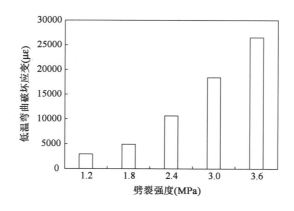

图 6-19　PC-13 试件不同劈裂强度下的低温弯曲试验结果

由图 6-19 可知：

（1）随着 PC-13 劈裂强度的不断增加，其低温弯曲破坏应变也在不断增加，低温抗裂性越来越好。

（2）PC-13 劈裂强度由 1.2MPa 增加至 3.6MPa 的过程中，低温弯曲破坏应变大致呈幂指数趋势增长，即随着 PC 强度的不断增长，其低温性能增大幅度越来越大，直至强度不再变化，其低温弯曲破坏应变也达到最高。

（3）PC-13 在 1.2MPa 的劈裂强度下低温弯曲破坏应变为 2923με，且其低温弯曲破坏应变最终可达 26521με，已远超现有的沥青类铺装材料。

为了确定 PC-13 低温弯曲破坏应变满足其技术要求所需的最低劈裂强度，对劈裂强度和低温弯曲破坏应变进行二次多项式拟合，拟合曲线如图 6-20 所示，拟合方程见式（6-4）。

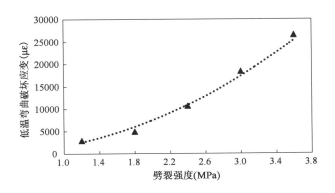

图 6-20　劈裂强度与低温弯曲应变关系图

$$y = 2841.3x^2 - 3523.1x - 2718 \qquad R^2 = 0.997 \tag{6-4}$$

式中：x——劈裂强度（MPa）；

　　　y——低温弯曲破坏应变（με）。

由式（6-4）可以求出当 PC-13 的低温弯曲破坏应变满足表 1-4 中技术要求时，即达到 8000με 时，劈裂强度的值为 $Q_2 = 2.12$MPa。

6.3.2.3　水稳定性

对达到拟定的 5 种劈裂强度的 PC-13 试件进行冻融劈裂试验，试验结果见表 6-6、图 6-21 和图 6-22。

PC-13 试件不同劈裂强度下的冻融劈裂试验结果　　　　　　表 6-6

劈裂强度(MPa)	1.2	1.8	2.4	3.0	3.6
剩余冻融劈裂强度(MPa)	0.40	0.63	1.02	1.24	1.52
冻融劈裂强度比 TSR(%)	33.33	35.00	42.50	41.33	42.22

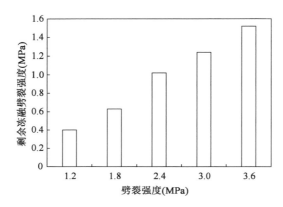

图 6-21　PC-13 试件不同劈裂强度下的剩余冻融劈裂强度

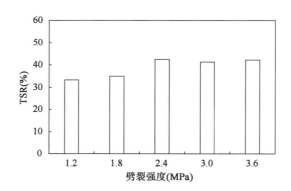

图 6-22　PC-13 试件不同劈裂强度下的冻融劈裂强度比

由表 6-7、图 6-21 和图 6-22 可知：

（1）PC-13 劈裂强度由 1.2MPa 增加至 3.6MPa 的过程中，其剩余冻融劈裂强度呈线性趋势增加，而其 TSR 则先增加后趋于稳定。

（2）PC-13 在 2.4MPa 劈裂强度下的 TSR 达到最高，为 42.50%，低于《公路沥青路面施工技术规范》（JTG F40—2004）中对沥青混合料的要求：改性沥青混凝土的 TSR 应不小于 85%。PC-13 的 TSR 虽不及沥青混合料，但其剩余冻融劈裂强度最终可达 1.52MPa，已远超现有的沥青类铺装材料。因此，TSR 无法真实地反映 PC-13 的抗水损害性能，剩余冻融劈裂强度更能直观地体现 PC 抗水损害的能力。

为了确定 PC-13 剩余冻融劈裂强度满足其技术要求所需的最低劈裂强度,对劈裂强度和剩余冻融劈裂强度进行二次多项式拟合,拟合曲线如图 6-23 所示,拟合方程见式(6-5)。

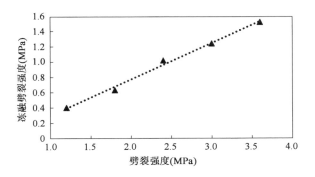

图 6-23　劈裂强度与冻融劈裂强度关系图

$$y = 0.475x - 0.178 \qquad R^2 = 0.900 \tag{6-5}$$

式中:x——劈裂强度(MPa);

　　　y——剩余冻融劈裂强度(MPa)。

由式(6-5)可以求出当 PC 的冻融劈裂强度满足表 1-3 的要求,即达到 0.8MPa 时,劈裂强度的值为 $Q_3 = 2.06$MPa。

6.3.2.4　疲劳性能

对达到拟定的 5 种劈裂强度的 PC-13 试件进行四点弯曲疲劳试验,试验条件为 15℃、1000με,以弯曲劲度模量衰减至初始值的 50% 为疲劳标准,试验结果如图 6-24 所示。

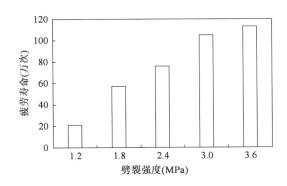

图 6-24　PC-13 试件不同劈裂强度下的疲劳寿命

由图 6-24 可知:

(1)随着 PC-13 劈裂强度的不断增加,其疲劳寿命也在不断增加,抗疲劳能力也在逐步提升。可以看出 PC-13 的疲劳寿命在强度形成初期上升较快,然后速度逐渐放缓。

（2）PC-13 在劈裂强度为 1.2MPa 时疲劳寿命达到 21 万次，此强度下的疲劳寿命虽已远超沥青混凝土，但还未达到《公路桥面聚醚型聚氨酯混凝土铺装技术规程》（T/CECS G：K58-01—2020）规定的技术要求 60 万次，在劈裂强度达到 1.8MPa 时疲劳寿命已接近技术要求；劈裂强度达到 2.4MPa 时疲劳寿命已远超技术要求，且最终的疲劳寿命约为技术要求的 2 倍。

为了探究满足 PC-13 疲劳寿命技术要求所需的最低劈裂强度，对劈裂强度和疲劳寿命进行二次多项式拟合，拟合曲线如图 6-25 所示，拟合方程见式（6-6）。

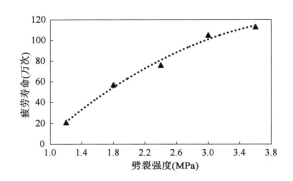

图 6-25　PC-13 试件劈裂强度与疲劳寿命关系图

$$y = -9.127x^2 + 82.467x - 64.4 \qquad R^2 = 0.900 \qquad (6-6)$$

式中：x——劈裂强度（MPa）；

　　　y——疲劳寿命值（万次）。

由式（6-6）可以求出当 PC-13 的疲劳寿命满足 T/CECS G：K58-01—2020《公路桥面聚醚型聚氨酯混凝土铺装技术规程》要求，即达到 60 万次时，劈裂强度的值为 $Q_4 = 1.92\text{MPa}$。

6.3.3　开放交通强度的确定

由 PC-13 试件在 5 种劈裂强度（1.2MPa、1.8MPa、2.4MPa、3.0MPa、3.6MPa）下路用性能的测试结果可知，动稳定度、冻融劈裂强度、低温弯曲应变和疲劳寿命在满足各自技术要求时最低劈裂强度分别为 $Q_1 = 1.53\text{MPa}$，$Q_2 = 2.12\text{MPa}$，$Q_3 = 2.06\text{MPa}$，$Q_4 = 1.92\text{MPa}$；则可以满足规范规定 PC 技术要求的最低力学强度 $Q_{\max} = (Q_1, Q_2, Q_3, Q_4) = 2.12\text{MPa}$。由此初定 2.12MPa 作为开放交通强度。

抗滑性能用来保证行车稳定和行车安全，抗渗透性能用来阻止水分渗透到路面结构内部造成路面结构内部发生损害，为了保证该强度下 PC-13 的表面功能同时能满足

表 1-4 中的要求,有必要对初定的开放交通强度下的 PC-13 的抗滑性能及抗渗水性能进行测试。以构造深度和抗滑系数来评价其抗滑性能,利用渗水仪测试其抗渗透性能,测试结果见表 6-7。

PC-13 抗滑及抗渗透性能测试结果

表 6-7

表面功能	测试结果	技术要求	试验方法
渗水系数(mL/min)	基本不渗水	≤50	JTG E20 T 0730
摩擦系数摆值	68	≥60	JTG E60 T 0964
构造深度(mm)	0.62	≥0.55	JTG E20 T 0731

由表 6-7 可知,PC-13 的劈裂强度达到 2.12MPa 时,其抗滑性能和抗渗透性能均满足表 1-3 的要求。综合以上分析,确定 2.12MPa 作为 PC-13 的开放交通强度。

道路铺装层在开放交通后要承受车轮荷载的不断碾压,路面材料在这个过程中会出现结构性损伤。因此,如果过早开放交通,交通荷载的往复循环作用可能对道路铺装层造成结构性破坏,影响其后期强度的增长,导致不能充分发挥铺装材料优异的路用性能。因此,需要对初定的开放交通的可靠性进行验证,以保证 PC 在该强度下开放交通后对后期强度的增长几乎无影响。

6.3.3.1 试验方法的选取

对达到开放交通强度要求的 PC-13 试件进行模拟行车荷载碾压直至其养生期结束,分别对碾压后(试验组)和未碾压(对照组)的试件进行取芯,并对芯样进行测试并对比其劈裂强度,以此评价该强度下开放交通对 PC-13 最终劈裂强度的影响。

6.3.3.2 试验结果及分析

对试验组和对照组的芯样进行劈裂试验,试验组和对照组芯样的劈裂强度值见表 6-8。

试验组和对照组芯样的劈裂强度

表 6-8

类别	劈裂强度(MPa)	均值(MPa)	变异系数(%)
试验组	3.42	3.43	0.535
	3.41		
	3.47		
对照组	3.58	3.58	
	3.61		
	3.56		

由表 6-8 可知,试验组芯样的劈裂强度均值与对照组芯样的劈裂强度均值变异系数很小,可以认为 PC-13 在劈裂强度达到 2.12MPa 时开放交通是合理的,PC-13 在此强度下开放交通既能承受交通荷载的压力,又能保证对其后期强度的增长无影响,不影响最终的路用性能。

6.3.3.3　开放交通时机预测模型的建立

为了预测 PC-13 铺装层在不同养生环境下的开放交通时机,本研究建立了开放交通时机预测模型以指导工程应用。依据式(6-1),可以计算出 15 种养生试验条件下 PC-13 达到开放交通强度分别所需的养生时间,见表 6-9。

不同养生试验条件下 PC-13 开放交通时机预测结果　　　　　表 6-9

编号	温度(℃)	湿度(%)	催化剂用量(%)	养生时间(d)
1	5	20	0.2	4.54
2	25	50	0.2	2.86
3	45	80	0.2	1.85
4	45	50	0.40	1.86
5	25	20	0.40	2.78
6	5	80	0.40	4.14
7	5	50	0.6	4.40
8	25	80	0.6	2.34
9	45	20	0.6	2.02
10	45	20	0.8	1.53
11	25	80	0.8	1.91
12	5	50	0.8	3.84
13	5	50	1	3.44
14	25	80	1	1.56
15	45	20	1	1.23

参照养生时间预测模型的非线性回归建立方法,建立开放交通时机预测模型。其中温度、湿度、环烷基催化剂用量与开放交通时机的一元非线性回归方程分别为:

温度

$$A = 0.0025x_1^2 - 0.2228x_1 + 7.8149 \tag{6-7}$$

式中:A——温度(℃);

x_1——可开放交通时间（d）。

湿度

$$B = 0.0007x_2^2 - 0.1001x_2 + 7.1744 \tag{6-8}$$

式中：B——湿度（%）；

x_2——可开放交通时间（d）。

环烷基催化剂用量

$$C = -0.9286x_3^2 - 0.3643x_3 + 1.804 \tag{6-9}$$

式中：C——环烷基催化剂用量（%）；

x_3——可开放交通时间（d）。

结合式（6-7）～式（6-9），以温度 A、湿度 B、环烷基催化剂用量 C 为自变量，开放交通时间 D_k 为因变量，通过非线性多元拟合得出不同温度、湿度和催化剂用量下的开放交通时机预测模型[式（6-10）]，并进行方差分析，见表6-10。

$$D_k = 1.4875 \times 10^{-3}A^2 + 4.48 \times 10^{-5}B^2 - 1.55633C^2 - 0.132566A - 0.132566B -$$

$$6.4064 \times 10^{-3}B + 0.6105668C + 5.1775961 \qquad R^2 = 0.961 \tag{6-10}$$

式中：A——温度（℃）；

B——湿度（%）；

C——催化剂用量（%）；

D_k——开放交通时间（h）。

PC 开放交通时机预测模型方差分析表　　　　　　　　　　表6-10

模型	平方和 SS	自由度 df	均方差 MS	F 值	P 值
回归	125.634	4	31.408	1013.16	0.00
残差	0.338	11	0.031		
修正前总计	125.972	15			
总计后总计	17.699	14			

由表6-11可得，P 值小于 0.05，表明 PC 可开放交通时机预测模型有效。

6.4　本章小结

（1）通过对室内养生条件下 PC-13 的强度形成规律研究，建立了 PC-13 养生时间预测模型，并通过对自然养生条件下 PC-13 的强度形成规律的研究，对该预测模型进行验证,结果室内养生时间预测模型可较准确地预测自然养生下的试件养生时间。

(2)对低温养生试验条件下 PC-13 强度形成规律进行研究,结果表明,由于 PC-13 的温度敏感性低,其低温养生试验条件下的强度形成规律与常温相似。

(3)基于 PC-13 的强度形成规律研究,确定了 2.12MPa 的劈裂强度为开放交通强度,并通过加载试验验证了该强度下开放交通的可靠性,以及建立了开放交通时机预测模型,实现了在不同养生环境下对 PC-13 开放交通时机的有效预测。

本章参考文献

[1] 王伟力,钱七虎.聚氨酯反应体系的固化和温度[J].化工生产与技术,2001(6):18-21,1.

[2] 芦武刚,王钧.温度和湿度对聚醚型聚氨酯固化质量的影响[J].玻璃钢/复合料,2013(2):28-33.

[3] WU H M,SUN Y M,LIU Y F. Engineering performance of polyurethane bonded aggregates [J]. Medziagotyra,2017,23(2):166-172.

[4] 王火明,李汝凯,王秀,等.多孔隙聚氨酯碎石混合料强度及路用性能[J].中国公路学报,2014,27(10):24-31.

[5] 李汝凯,王火明,周刚.多孔隙聚氨酯碎石混合料强度及影响因素试验研究[J].中外公路,2015,35(1):244-247.

[6] 彭勇,孙立军,石永久,等.沥青混合料劈裂强度的影响因素[J].吉林大学学报(工学版),2007(6):1304-1307.

聚氨酯混凝土防水黏结层的开发及性能评价

位于桥面与铺装层之间的防水黏结层,一方面可以将铺装层与桥面板黏结成为一个整体,从而防止铺装层发生推移、开裂、车辙等病害;另一方面可以防止水分渗入而侵害桥面板。本书根据1.2.2小节所提出的聚合物防水黏结层技术要求,开发一种适用于PC的防水黏结层材料,并对其性能进行了评价;从集料撒布、防锈漆涂覆和涂覆量三个方面对黏结层的层间处治进行研究,确定了黏结层的最佳层间处治方式;从抗冻融循环、抗温度老化、抗紫外老化、抗剪切疲劳等角度对其进行耐久性评价。

7.1　防水黏结层材料的开发

7.1.1　防水黏结层的功能需求

防水黏结层一般位于桥面板与铺装层之间,是整个桥面铺装结构的关键所在,其性能的优劣直接影响桥面铺装的整体性及耐久性。如果防水黏结层防水功能缺失,从铺装层渗入的水分或电解质溶液便会逐渐侵蚀桥面顶板,进而威胁到整个铺装层甚至桥梁主体的安全;如果防水黏结层与上下铺装层间的黏结强度不足,则会导致铺装层整体性削弱,容易发生剪切、推移等水平方向相对位移,在车辆的荷载和冲击作用下还会进一步导致松散、剥落等路面病害[1-4]。所以在桥面铺装结构中,防水黏结层应具有以下功能:

(1)作为防水层,防止桥面板遭到下渗水分的锈蚀,延长桥面的使用寿命。

(2)作为黏结层,有机连接桥面板与铺装层或分层铺装的上中下层,使之成为一个整体并协同工作。

(3)作为应力吸收层,应用在铺装层与桥面板之间,在温度变化及荷载作用时,吸收桥面板水平变形造成的部分相对位移,减少铺装层的内部应力。

根据以上功能要求,防水黏结层应该采用黏结强度高、变形能力强且具有良好协调适应性的致密材料,在物理、化学、力学性能等方面保持与桥面板和铺装层的相互协调,在桥面使用温度范围内保持稳定的黏结强度和力学性能[5-6]。

7.1.2　防水黏结层材料的技术要求

桥面铺装与普通沥青道面铺装有所差异,主要体现在结构形式、温度场变化、荷载模式等方面。比如,公路路面铺筑在坚实的路基结构之上,而桥面铺装层处于变形情况复杂的钢桥面板之上,所以铺装层的工作状态受位移、振动、荷载等多种复杂因素的影响;钢板的导热系数高,钢箱梁结构密封性较强,在同样的地区气候下,钢桥面比公路路面将承受更大的温度场变化,即高温更高而低温更低,所以钢桥面铺装层的工作环境具有更大的挑战[7-8]。

这里列举了部分实体工程中防水黏结层材料的技术要求[9],见表7-1~表7-4。

日本的钢桥面铺装方案主要采用浇注式沥青混凝土与改性沥青混凝土面层结构,浇注式混凝土空隙率较小,本身具有致密的防水结构,无须设置专门的防水层,只需在钢板除锈后涂布黏结材料并满足层间黏结要求即可,钢桥防水黏结层材料的技术要求见表7-1。

日本钢桥防水黏结层材料技术要求   表 7-1

指标	技术要求	试验方法
黏度(25℃)(Pa·s)	5(0.5 以下)	JIS K 6833
接触干燥时间(min)	90 以下	JIS K 5400
低温弯曲试验(-10℃,3mm)	合格	JIS K 5400
棋子黏结试验(点)	10	JIS K 4001
耐湿试验后棋子黏结试验(点)	8 以上	JIS K 5644
盐水喷雾试验后棋子黏结试验(点)	8 以上	JIS K 5400

我国针对钢桥面铺装体系的系统研究始于20世纪80年代,其中虎门大桥的建设借鉴了当时德国和日本较为先进的技术经验,选用SMA沥青混凝土作为桥面铺装材料,Eliminator防水胶与改性沥青共同承担防水黏结层作用,防水黏结层材料技术要求见表7-2[9]。

虎门大桥防水黏结层材料技术要求   表 7-2

指标	实测值	技术要求
软化点(环球法)(℃)	85.5	>85
针入度(25℃,100g,5s)(0.1mm)	40	>30
延度(10℃,5cm/min)(cm)	57.5	>30
回弹率(25℃,20cm,30min)(%)	96.7	>80
与防水胶黏附力(MPa)	0.8	>0.5
-20℃弯曲90°	不断裂	不断裂

防水黏结层在虎门大桥的应用,为之后防水黏结层体系的系统研究带来了丰富工程经验。厦门海沧大桥专门成立了关于防水黏结层材料的研究项目[10],该项目防水黏结层材料技术要求见表7-3。

厦门海沧大桥防水黏结层材料技术要求 表7-3

指标	技术要求	试验方法
软化点(环球法)(℃)	≥100	
针入度(25℃,100g,5s)(0.1mm)	≤30	JTJ 052—1993
5℃拉断伸长率(5cm/min)(%)	≥20	
回弹率(25℃)(%)	≥50	JTJ 036—1998
与桥面板黏附力(25℃)(MPa)	≥1.2	参照日本本四桥
190°黏度(mm/s)	≤1500	ASTM D2170

环氧树脂防水黏结层材料与普通的防水黏结层材料相比,在高温稳定性和黏结强度方面都具有明显优势[11],技术要求见表7-4。

环氧树脂防水黏结层材料技术要求 表7-4

指标		单位	技术要求		试验方法
			I	II	
表干时间(23℃)		min	≤30	—	
实干时间(23℃)		min	≤60	—	
断裂伸长率(23℃)		%	≥10	≥100	GB/T 16777—2008
不透水性(0.3MPa,24h)		—	不透水	不透水	
黏结强度(25℃)	与钢板	MPa	≥5.0	≥3.0	GB/T 1034—2008 附录 B
	与保护层(环氧沥青混合料)		—	≥1.5	
	与保护层(改性沥青混合料/浇注式沥青混合料)		—	≥1.0	

结合防水黏结层材料的功能需求及国内外案例,以及课题组前期大量试验的研究结果,在本书1.2.2小节中提出了聚合物黏结层材料的技术要求,见表1-6和表1-7。

基于国内外实体工程案例和大量试验,开发了一种新型聚合物材料用于桥面结构的防水黏结层。该材料由多种改性异氰酸酯和延迟型氨基扩链剂配合组成,在特定条件下能发生聚合反应并形成高强度高弹性的涂层,具有表干速度快、附着力好、施工简便等优点,该材料性能测试结果见表7-5。

聚合物防水黏结层性能测试结果 表 7-5

试验项目	单位	试验结果	技术要求	试验方法
剪切强度(25℃)	MPa	5.2	≥4.0	JTG/T 3364-02 附录 C
拉拔强度(25℃)	MPa	3.8	≥2.0	JTG/T 3364-02 附录 B
断裂伸长率	%	368	≥150	
透水性(0.3MPa,24h)	—	不透水	不透水	GB/T 16777
表干时间(25℃)	min	80	≤100	
实干时间(25℃)	h	18	≤25	

7.2 防水黏结层的层间处治措施

防水黏结层的层间处治措施包括集料撒布、防锈漆涂覆及防水黏结层涂覆,其层间处治效果直接影响着铺装体系的使用寿命[12-14]。结合试验检测推荐最优处治措施。

7.2.1 集料撒布对层间强度的影响

本试验撒布集料采用粒径为 5～10mm 的玄武岩,经过清洁和烘干处理。集料的筛分级配见表 7-6。

集料筛孔分级表 表 7-6

筛孔尺寸(mm)	通过率(%)
13.2	100.0
9.5	97.2
4.75	2.1
2.36	0.1

本试验按照 0.5 kg/m² 及 0.8kg/m² 的涂覆量将防水黏结层材料涂抹在钢板上。待材料表干后,将粒径范围为 5～10mm 的集料按照 5kg/m² 的撒布量均匀地撒在黏结层材料表面,同时制备不撒布集料的对比样本,成型剪切拉拔试件并进行强度测定,每一组试验进行 3 次平行试验,试验结果见表 7-7。

不同涂覆量下撒布集料对黏结层剪切强度和拉拔的影响   表7-7

涂覆量（kg/m²）	撒布集料	剪切强度（MPa）	拉拔强度（MPa）
0.5	是	3.92	2.71
0.5	否	5.38	3.39
0.8	是	3.85	2.33
0.8	否	5.03	2.75

由表7-8可以看出，不同的黏结层材料撒布集料后，层间强度都会有不同程度地下降，在低涂覆量时其下降幅度更大。对于聚合物防水黏结层，撒布集料后其剪切强度最大降幅为27%，拉拔强度最大降幅为21%。实际施工时，集料撒布能够减少车轮碾压时黏结层材料粘轮。因此，建议在层间强度充足的情况下进行集料撒布。

7.2.2　涂覆防锈漆对层间强度的影响

为了研究防锈漆涂覆量对层间剪切及拉拔强度的影响，在钢板表面涂覆0.4kg/m²的防锈漆，然后在其表面涂覆0.4kg/m²、0.5kg/m²、0.6kg/m²和0.8kg/m²的防水黏结层材料，形成剪切和拉拔试件，并与不涂覆防锈漆的进行对比，测试结果见表7-8和图7-1。

防锈漆对层间黏结强度结果的影响   表7-8

防水黏结层涂覆量（kg/m²）	防锈漆涂覆量（kg/m²）	剪切强度（MPa）	拉拔强度（MPa）
0.4	0.4	4.99	2.86
0.4	无	4.84	2.66
0.5	0.4	6.11	3.60
0.5	无	5.05	2.81
0.6	0.4	5.75	3.38
0.6	无	4.84	2.73
0.8	0.4	5.34	3.02
0.8	无	4.68	2.21

从表7-8可知，涂覆防锈漆后，黏结层材料的层间剪切、拉拔强度都有不同程度的增大。在涂覆防锈漆后，聚合物黏结层的层间剪切强度上升了16%～25%，拉拔强度上升了7%～37%。

根据图7-1中聚合物防水黏结层的剪切破坏面可以看出：在涂覆防锈漆之前，层间的剪切破坏存在两种形式,两种破坏形式分别发生在钢板-黏结层、黏结层-铺装层界面上,且两种破坏的面积各占钢板的50%;在涂覆防锈漆之后,剪切破坏面上几乎不会出现钢板裸露,因此可以认为涂覆防锈漆后的层间破坏由原来的两种界面破坏转变为一种破坏形式,即仅在黏结层-铺装层之间发生剪切破坏。分析认为,防锈漆-黏结层的黏结力大于黏结层-钢板的黏结力,因此原本与钢板无法黏结的部分黏结层可以与防锈漆发生黏结,从而增加了层间强度。

a)未涂防锈漆   b)涂覆防锈漆

图7-8   聚合物防水黏结层涂覆防锈漆前后剪切破坏对比图

7.2.3   防水黏结层材料涂覆量对层间强度的影响

防水黏结层材料的涂覆量是影响桥梁铺装结构层间强度的重要因素,涂覆量过少时,层间强度会因为黏结层材料不足而较低;而涂覆量过多时,下层材料不能与黏结层表层材料同步固化,该状态下进行摊铺碾压,形成的材料层间强度依然不高。因此,需要研究黏结层材料的最佳涂覆量,以保证桥梁铺装结构的层间强度。基于前文研究,为了避免撒布集料对层间强度的不良影响,试验钢板的表面都将涂覆 $0.4kg/m^2$ 的防锈漆且无集料撒布,防水黏结层材料的用量范围为 $0.3 \sim 0.9kg/m^2$,每一组试验进行 3 次平行试验,剪切、拉拔的试验结果见表7-9 和图7-2。

不同涂覆量下防水黏结层的层间强度   表7-9

涂覆量(kg/m^2)	剪切强度(MPa)	拉拔强度(MPa)
0.3	2.85	1.93
0.4	4.42	2.42
0.5	5.63	3.06
0.6	5.81	3.37

续上表

涂覆量(kg/m²)	剪切强度(MPa)	拉拔强度(MPa)
0.7	5.64	3.29
0.8	5.12	3.01
0.9	4.38	2.88

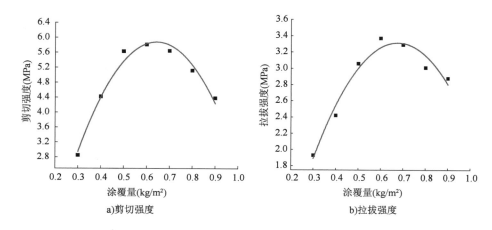

a)剪切强度　　　　　　　　　b)拉拔强度

图 7-2　聚合物防水黏结层不同涂覆量下层间强度

由表 7-9 及图 7-2 可知,随着涂覆量的增长,聚合物防水黏结层的剪切、拉拔强度呈现类似的增长规律,当涂覆量从 0.3kg/m² 增加到 0.6kg/m² 时,剪切强度增加了 103% ,拉拔强度增加了 75% ,当涂覆量从 0.6kg/m² 增加到 0.9kg/m² 时,剪切强度减小了 25% ,拉拔强度减小了 15% 。

7.2.4　防水黏结层的最佳层间处治措施

随着防水黏结层材料涂覆量的增长,聚合物防水黏结层强度都呈现先增加后衰减的趋势,因此需要找出黏结层材料的最佳涂覆量。

将表 7-9 中黏结层材料的剪切、拉拔强度试验结果分别与涂覆量进行一元二次多项式回归,分析结果见表 7-10 和表 7-11。

涂覆量-剪切强度回归方程　　　　　　　　　　表 7-10

剪切试验	
一元二次回归方程	决定系数 R^2
$y = -24.8809x^2 + 32x - 4.4119$	0.9780

涂覆量-拉拔强度回归方程　　　　　　　　　　表 7-11

拉拔试验	
一元二次回归方程	决定系数 R^2
$y = -10.09524x^2 + 13.6357x - 1.2919$	0.9409

由表 7-10 和表 7-11 的分析结果可知,回归方程的决定系数均大于 0.0940,方程拟合度高。根据回归方程计算出黏结层材料剪切、拉拔强度的最佳涂覆量,将强度的最佳涂覆量均值作为聚合物防水黏结层材料最终的最佳涂覆量,计算结果见表 7-12。

黏结层材料最佳涂覆量　　　　　　　　　　表 7-12

剪切最佳涂覆量(kg/m^2)	拉拔最佳涂覆量(kg/m^2)	最佳涂覆量均值(kg/m^2)
0.64	0.68	0.66

通过上述分析,得出聚合物防水黏结层的最佳层间处治方式为:涂覆防锈漆 $0.4kg/m^2$、黏结层材料涂覆量控制在 $0.66kg/m^2$。

7.3　防水黏结层的耐久性评价

钢桥面铺装结构完全处于自然环境中,容易受到各种不利因素的影响。为保证桥梁铺装结构的安全,防水黏结层需要具备良好的界面黏结耐久性。本节对冻融循环、温度老化与紫外老化对聚合物防水黏结层材料强度的影响,以及应力水平与冻融循环对防水黏结层疲劳寿命的影响进行了研究。

7.3.1　黏结层抗冻融循环性能

基于《公路工程沥青及沥青混合料试验规程》(JTG E20—2011)中有关冻融循环(T 0729)评价沥青混合料水损害方法的规定,设计了相应的冻融循环试验。

为了定量评价冻融循环作用对防水黏结层黏结强度的影响,提出了"冻融循环剪切强度衰减率"与"冻融循环拉拔强度衰减率"两个指标,其计算公式为:

$$\xi_n = \frac{\tau_0 - \tau_n}{\tau_0} \tag{7-1}$$

式中:ξ_n——冻融循环 n 次后试件的剪切强度衰减率(%);

　　　τ_n——冻融循环 n 次后试件的剪切强度(MPa);

τ_0——0 次冻融试件剪切强度(MPa)。

$$\varphi_n = \frac{\delta_0 - \delta_n}{\delta_0} \tag{7-2}$$

式中:φ_n——冻融循环 n 次后试件的拉拔强度衰减率(%);

δ_n——冻融循环 n 次后试件的拉拔强度(MPa);

δ_0——0 次冻融试件拉拔强度(MPa)。

试件经过 0 ~ 4 次冻融循环后,黏结层剪切、拉拔强度及强度衰减比试验结果见表 7-13。

不同冻融次数后黏结层强度表   表 7-13

冻融次数(次)	剪切强度(MPa)	剪切强度衰减比(%)	拉拔强度(MPa)	拉拔强度衰减比(%)
0	5.72	—	3.40	—
1	5.34	7	2.98	12
2	4.97	13	2.79	17
3	4.73	17	2.61	20
4	4.60	19	2.58	23

经过 4 次冻融循环后,聚合物防水黏结层剪切强度为 4.60MPa,拉拔强度为 2.58MPa,满足表 1-6 的技术要求。

7.3.2 黏结层抗高温老化性能

黏结层高温老化是指在长年累月的阳光暴晒和高温长期作用下,桥面铺装结构的黏结层材料与铺装层材料一起发生了不可逆的变化。PC 是在常温下铺筑的冷拌材料,长期地暴晒会导致铺装结构内部温度升高,由于防水黏结层、环氧树脂与 PC 中的聚氨酯胶结料都是高分子材料,随着材料内部官能团吸收热能过多,导致高分子材料本身性质发生变化,使得 PC 桥面铺装结构耐久性变差,因此评价黏结层材料的抗高温老化性能十分重要。

对制备好的剪切和拉拔试件进行 85℃恒温老化,以 7d 为一个老化周期,测试 0 ~ 4 周后的黏结层的剪切强度和拉拔强度,测试结果见表 7-14。

高温老化后黏结层剪切强度和拉拔强度测试结果   表 7-14

老化时间(周)	剪切强度(MPa)	拉拔强度(MPa)
0	5.70	3.36
1	5.42	3.01

老化时间(周)	剪切强度(MPa)	拉拔强度(MPa)
2	5.00	2.77
3	4.97	2.55
4	4.66	2.47

由表7-14可知,黏结层强度随老化时间的延长而下降,经过对比,在高温老化4周后,黏结层剪切强度为未老化时的82%,拉拔强度为未老化时的74%。

7.3.3 黏结层抗紫外老化性能

为评价防水黏结层的抗紫外老化性能,将制备好的剪切和拉拔试件放置于紫外老化耐候仪中进行老化试验,以 $282W/m^2$ 的紫外光强,7d为一个老化周期,测试 $0 \sim 3$ 周后黏结层的剪切、拉拔强度,测试结果见表7-15。

紫外老化后黏结层剪切强度和拉拔强度测试结果　　　　表7-15

老化时间(周)	剪切强度(MPa)	拉拔强度(MPa)
0	5.79	3.33
1	5.65	3.21
2	5.58	3.14
3	5.44	3.09

由表7-16可知,黏结层强度随紫外老化时间的延长而下降,与高温老化的影响规律相同。并且,经过对比,黏结层强度在紫外老化后下降很小,几乎无变化,其中,紫外老化3周后黏结层的剪切强度为未老化时的94%,拉拔强度为未老化时的93%。因此,紫外光作为单一因素对层间强度的影响十分有限。

7.3.4 黏结层抗剪切疲劳性能

为了维持桥梁的正常使用状态,防水黏结层除了要满足一次性剪切、拉拔的强度要求,还需要满足多次车轮碾压后不发生剪切滑移破坏的疲劳寿命要求。利用课题组所研发的层间黏结直接剪切疲劳试验装置和试验方法,在应力水平为0.379MPa和0.455MPa的条件下[5],对 $0 \sim 4$ 次冻融循环后的试件进行疲劳试验,结果见表7-16。

聚合物防水黏结层冻融循环后剪切疲劳寿命　　　　表 7-16

剪应力（MPa）	剪切疲劳寿命（万次）				
	冻融 0 次	冻融 1 次	冻融 2 次	冻融 3 次	冻融 4 次
0.379	29.88	29.00	27.90	26.06	23.58
0.455	26.57	25.53	24.08	22.30	20.35

由表 7-16 可知,随剪应力的增大,黏结层材料的层间剪切疲劳寿命降低,降低幅度明显,层间最大剪应力从 0.379MPa 上升到 0.455MPa 时,黏结层的剪切疲劳寿命下降了 12%～15%。随着冻融循环次数的增加,黏结层材料的层间剪切疲劳寿命逐步下降,但与剪切、拉拔试验在初次冻融后层间强度下降最大的规律不同,剪切疲劳寿命在冻融 1 次后下降幅度最小,在冻融 4 次降幅达到最大。量化数值显示:冻融 1 次后剪切疲劳寿命仅下降 3%,冻融 4 次后剪切疲劳寿命下降达 10%,冻融 4 次后,在不同的循环应力下疲劳寿命总计下降 22%～24%。

因此,桥面铺装层的防水性能对于层间疲劳寿命尤为重要,为了延长黏结层剪切疲劳寿命,必须做好桥梁防排水体系,尽量减少进入铺装层内部与层间的水分。

7.4　本章小结

基于课题组前期试验,结合防水黏结层材料的功能需求及国内外相关工程实例,针对聚合物防水黏结层材料提出了技术要求,并在此基础上自主开发了一种适用于桥面结构的新型聚合物防水黏结层。以新型聚合物防水黏结层为研究对象,对以下三个方面进行了深入研究:

(1)对新型聚合物防水黏结层进行了性能测试,各项指标均满足聚合物防水黏结层材料的技术要求。

(2)综合集料撒布、防锈漆涂覆量等影响因素,确定了防水黏结层的最佳层间处治方式为:涂覆防锈漆 0.4kg/m²、黏结层材料涂覆量控制在 0.66kg/m²。

(3)基于最佳层间处治方式,针对防水黏结层材料进行了抗冻融循环、抗温度老化、抗紫外老化、抗剪切疲劳四方面的耐久性评价:除紫外老化对层间强度几乎无影响外,其他三种因素均导致层间强度整体呈下降趋势。

本章参考文献

[1] 龚侥斌,谭振宇,吴传海,等.湿热条件下钢桥面铺装防水粘结体系施工质量控制[J].公路工程,2018,43(4):170-175.

[2] 张东鲁.桥面防水黏结层材料性能评价与应用研究[D].广州:华南理工大学,2016.

[3] 黄卫.大跨径桥梁钢桥面铺装设计[J].土木工程学报,2007(9):65-77.

[4] 邹羽.钢桥面防水黏结层的性能研究[D].重庆:重庆交通大学,2012.

[5] GUO L C,ZENG G D. Study on mechanical properties of typical steel bridge deck pavement waterproof bonding system[J]. Journal of Physics：Conference Series,2021,1802(2).

[6] ZHANG M Y,HAO P W,MEN G Y,et al. Research on the compatibility of waterproof layer materials and asphalt mixture for steel bridge deck[J]. Construction and Building Materials,2021,269.

[7] XU Y,LV X P,MA C F,et al. Shear Fatigue Performance of Epoxy Resin Waterproof Adhesive Layer on Steel Bridge Deck Pavement[J]. Frontiers in Materials,2021.

[8] AI C F,HUANG H W,ALI R,et al. Establishment of a new approach to optimized selection of steel bridge deck waterproof bonding materials composite system[J]. Construction and Building Materials,2020,264(20):120269.1-120269.14.

[9] 黄卫.大跨径桥梁钢桥面铺装设计理论与方法[M].北京:中国建筑工业出版社,2006.

[10] 唐智伦,梁超,陈晓坚.厦门海沧大桥钢桥面SMA混合料铺装设计与施工[J].公路,2001(1):53-57.

[11] 施晓强.南京三桥环氧树脂防水粘结层性能与施工工艺研究[J].中国建筑防水,2020(5):47-50.

[12] ZHANG M Y,HAO P W,MEN G Y,et al. Research on the compatibility of waterproof layer materials and asphalt mixture for steel bridge deck[J]. Construction and Building Materials,2020(10):121346.1-121346.10.

[13] LIU X Y,SCARPAS T ,LI J L , et al. Test Method to Assess Bonding Characteristics of Membrane Layers in Wearing Course on Orthotropic Steel Bridge Decks[J].

Transportation Research Record,2013,2360(1):77-83.

[14] 赵锋军,李宇峙,易伟建.钢桥面铺装防水黏结层抗剪问题研究[J].公路交通科技,2007(2):37-39.

[15] 李威睿.北京务滋村大桥聚合物混凝土桥面铺装层间力学响应分析与粘层材料性能评价[D].北京:北京建筑大学,2021.

聚醚型聚氨酯混凝土
施工技术

本章主要对冷拌冷铺 PC 铺装层施工前的材料及机械准备、施工工艺、施工质量验收,尤其是对压实时机及开放交通时机的确定方法进行了重点介绍。

8.1　一般规定

PC 铺装施工应符合下列规定:

(1)PC 使用的各种材料运至现场后必须取样进行质量检验,经评定合格方可使用,不得以供应商提供的监测报告或商检报告代替现场监测。

(2)PPU 应置于干燥阴凉处,密封保存。

(3)矿料的选择必须经过认真的料源调查,应尽可能就地取材,质量应符合相关要求。

(4)矿料粒径规格以方孔筛为准,公称最大粒径应与层厚相适应,并满足《公路沥青路面设计规范》(JTG D50—2017)的要求。

(5)PC 铺装施工前,应对混合料进行配合比设计。在施工过程中,不得随意变更经设计确定的标准配合比。

(6)对同一拌和厂不同的拌和机,若使用相同品种的矿料和 PPU,可使用同一目标配合比,但每台拌和机必须独立进行生产配合比设计。当矿料和 PPU 产地、品种等发生变化时,必须重新进行设计。

(7)PC 应满足所在层位的功能性要求。层间应设黏结层,并应尽量缩短施工间隔。

(8)PC 铺装施工,应采用厂拌混凝土、摊铺机摊铺、压路机碾压的施工工艺。

(9)在正式施工前,必须铺筑试验段,对施工工艺进行总结,试验段的质量检查频率应是正常路段的 2 倍。

(10)PC 铺装应在不低于 10℃的气温下进行施工,同时在严禁雨天、路面潮湿的情况下施工。施工期间,应注意天气变化,已摊铺的 PC 层因遇雨未进行压实的应予以铲除。雨天过后,待下卧层完全干燥后,方可进行施工。如因特殊原因需在 10℃下施工,需要提出材料生产及施工过程中的保温措施及具体方案,并经专家论证。

8.2　施工准备

8.2.1　下承层预处理

PC 铺装的下承层应满足相关技术要求,并根据下承层类型进行相应的预处理。

1）钢桥面板

桥面板预处理方式及防锈漆的制作参考《公路钢桥面铺装设计与施工技术规范》（JTG/T 3364-02—2019）的要求。

2）水泥混凝土面板

根据《公路桥面聚醚型聚氨酯混凝土铺装技术规程》（T/CECS G:K58-01—2020），水泥混凝土面板宜采用抛丸或精铣刨处理，处理后面板的构造深度宜为 0.4 ~ 0.8mm。

8.2.2　原材料准备

PC 铺筑所需原材料涉及 PPU 胶结料、防水黏结层材料、粗集料、细集料、填料，原材料的技术性能除应满足《公路沥青路面施工技术规范》（JTG F40—2004）的要求外，还应满足《聚醚型聚氨酯混凝土路面铺装设计与施工技术规范》（DB11/T 2008—2022）的要求。

8.2.3　PC 配合比设计

参考我国沥青路面最常见的 AC 型级配，根据《聚醚型聚氨酯混凝土路面铺装设计与施工技术规范》（DB11/T 2008—2022）中的建议和要求，可将空隙率作为关键指标，使用马歇尔试验方法进行密级配聚氨酯混合料配合比设计，按照现行《公路沥青路面施工技术规范》（JTG F40—2004）规定的方法进行。

1）配合比设计要求

PC 可采用 PC-16、PC-13 和 PC-10 三种类型，其级配应符合表 8-1 的规定。

混合料矿料推荐级配范围　　　　　　　　　　　　　　表 8-1

级配类型	通过下列筛孔(mm)的质量百分率(%)										
	19	16	13.2	9.5	4.75	2.36	1.18	0.6	0.3	0.15	0.075
PC-16	100	90 ~ 100	76 ~ 92	60 ~ 80	34 ~ 62	20 ~ 48	13 ~ 36	9 ~ 26	7 ~ 18	5 ~ 14	4 ~ 8
PC-13	—	100	90 ~ 100	68 ~ 85	38 ~ 68	24 ~ 50	15 ~ 38	10 ~ 22	7 ~ 20	5 ~ 15	4 ~ 8
PC-10	—	—	100	90 ~ 100	45 ~ 75	30 ~ 58	20 ~ 44	13 ~ 22	9 ~ 23	6 ~ 16	4 ~ 8

浇筑式 PC 级配范围应符合表 8-2 的规定。

浇筑式 PC 矿料推荐级配范围　　　　　　　　　　　　表 8-2

通过下列筛孔(mm)的质量百分率(%)							
9.5	4.75	2.36	1.18	0.6	0.3	0.15	0.075
100	90 ~ 100	65 ~ 90	45 ~ 70	30 ~ 50	18 ~ 30	10 ~ 21	5 ~ 15

采用马歇尔试验配合比设计方法,参考《聚醚型聚氨酯混凝土路面铺装设计与施工技术规范》(DB11/T 2008—2022)的要求,PC 技术指标应符合表 8-3 的规定。

马歇尔试验技术要求　　　　　　　　　　　　　　表 8-3

指标	单位	要求		
击实次数(双面)	次	75		
试件尺寸	mm	$\phi 101.6 \times 63.5$		
稳定度 MS	kN	≥20		
流值 FL	mm	2~5		
空隙率 VV	%	2.0~5.5		
矿料间隙率 VMA (%)	设计空隙率 (%)	相应于以下最大公称粒径(mm)的最小 VMA 及 VFA 要求(%)		
		16	13.2	9.5
	2.0	≥11.5	≥12.0	≥13.0
	3.0	≥12.5	≥13.0	≥14.0
	3.5	≥13.0	≥13.5	≥14.5
	4.5	≥13.5	≥14.0	≥15.0
	5.5	≥14.0	≥14.5	≥15.5
PPU 饱和度 VFA	%	75~85		80~90

2)目标配合比设计

用工程实际使用的材料按《公路沥青路面施工技术规范》(JTG F40—2004)中附录 B 的方法,优选矿料级配、确定最佳 PPU 胶结料用量,符合配合比设计技术标准和配合比设计检验要求,以此作为目标配合比,供拌和机确定各冷料仓的供料比例、进料速度及试拌使用。

3)生产配合比设计

对间歇式拌和机,应按规定方法取样测试各热料仓的材料级配,确定各热料仓的配合比,供拌和机控制室使用应选取目标配合比设计的最佳胶结料用量。同时取目标配合比设计的最佳 PPU 胶结料用量,并以 0.5% 为间隔选取 3 个胶结料用量进行试拌,根据拌和状态及试验结果确定生产配合比的胶结料用量。

(1)首先应按照混凝土生产、运输、摊铺及碾压所需时间合理确定其施工容留时间,然后按式(8-1)初步确定环烷基催化剂用量,并通过室内拌和试验进行验证与调整。

$$Y = 2.48 - 0.035T - 0.008H - 0.006t_1 \tag{8-1}$$

式中:Y——环烷基催化剂用量(%);

T——环境温度(℃);

H——环境湿度(%);

t_1——施工容留时间(min)。

(2)按照式(8-1)计算得出的剂量称取催化剂,并掺入 PPU 胶结料中,搅拌均匀后与矿料进行拌和。

4)生产配合比验证

拌和机按生产配合比结果进行试拌、铺筑试验段,并取样进行马歇尔试验,并从试验段钻取芯样测试空隙率的大小,由此确定生产用的标准配合比。标准配合比的矿料合成级配中,至少应包括 0.075mm、2.36mm、4.75mm 及公称最大粒径筛孔的通过率接近优选的工程设计级配范围的中值,并避免在 0.3~0.6mm 处出现"驼峰"。对确定的标准配合比,宜再次进行路用性能检验。

8.2.4　施工机械的准备

按照《公路沥青路面施工技术规范》(JTG F40—2004)中沥青混合料施工所要求的标准选用设备。施工前,应对混合料拌和机、摊铺机、压路机等各种施工机械和设备进行调试;对机械设备的配套情况、技术性能、计量设备等进行检查或标定。

8.2.5　试验段铺筑

1)一般规定

(1)试验路段长度不应短于200m 或面积不小于 500m², 应做好及时铲除不合格路段的准备。

(2)铺装厚度、碾压工艺、养护条件等都应与实际工程相同。

2)通过铺筑试验段确定的内容

(1)检验配合比(碎石粒径及胶黏剂用量)的可行性,确定施工配合比。

(2)测定松铺系数。

(3)确定从混合料拌和到压实成型所需要的时间,确定最佳施工机械组合,将总施工时间控制在混合料可压实时间内。

(4)确定成型方法、压实工艺、具体养护条件等关键参数。

(5)确定每一作业段最适宜长度,以便做到高效施工。

(6)确定试验路段的合理摊铺厚度。

8.3　防水黏结层施工

聚合物防水黏结层施工应满足以下要求：

（1）聚合物防水黏结层施工前应保证桥面或路面干燥、洁净、平整。

（2）洒布区边缘结构物表面应加以保护，以免受到污染。

（3）聚合物防水黏结材料应采用自动洒布车作业，洒布应均匀、连续，对于小面积维修养护施工时，可采用人工涂刷。

（4）洒布喷洒超量、漏洒或少洒的部位应进行处理。

（5）每次喷洒完毕，应立即将喷洒机储罐及盘管清洗干净。

（6）在低温情况下，防水黏结层表干时间较长，需使用工业燃油暖风机对其进行加热，加快防水黏结层表干。

（7）钢桥面聚合物防水黏结层用量为 $0.5 \sim 0.7 kg/m^2$，路面及混凝土桥面聚合物防水黏结层用量为 $0.6 \sim 0.8 kg/m^2$。

（8）在聚合物防水黏结材料表干前宜撒布粒径为 $5 \sim 10mm$ 的预拌碎石。预拌宜采用用量为 $0.5\% \sim 1.0\%$ 的防水黏结材料。碎石撒布量宜为满铺量的 $70\% \sim 80\%$，可为 $5 \sim 6kg/m^2$。

（9）防水黏结层表干前任何车辆与人员均不宜进入防水黏结层区域，待防水黏结层表干后再进行 PC 摊铺。

8.4　PC 铺装层施工

8.4.1　拌和

（1）拌和过程可参照《公路沥青路面施工技术规范》（JTG F40—2004）中沥青混合料拌制的有关规定进行，在低温条件下，PPU 呈现黏稠状态，需预先对 PPU 进行加热，使 PPU 拌和均匀。

（2）矿料在使用前应经过干燥处理，并降至常温。

（3）PC 宜采用沥青混合料拌和设备在常温下拌制，小规模施工可采用人工添加 PPU 的方法，即将大桶 PPU 定量倒到小桶分装，综合考虑拌和、装车、运输、摊铺等时间,确定每次拌和所需催化剂量,将催化剂用容器定量后加入分装后的小桶 PPU 中搅拌均匀,然后将小桶 PPU 倒入大桶 PPU 中并用两个手扶式搅拌机分别在桶的上层和下层搅拌至均匀,每桶持续搅拌 5min 左右。大规模施工宜将 PPU 加热到 50℃进行泵送添加。

(4)拌和时宜将矿料先干拌 30s,将预混的胶结料和催化剂投入拌和机后再拌和 60s。

(5)生产结束后,应立即采用干拌矿料的方式对拌缸进行防黏结清理。

(6)小面积维修养护施工时,可采用强制式搅拌机进行拌和。

8.4.2　运输

车厢内不宜涂油质隔离剂,且车厢角落及内壁应保证洁净;运输过程中料斗加盖帆布,防止空气与混凝土接触;运送完毕后应及时清扫干净。

8.4.3　摊铺

PC 施工应满足以下要求:

(1)PC 摊铺时,应单幅一次性摊铺,可采用两台摊铺机梯队同时摊铺作业,也可采用一台摊铺机摊铺。两台摊铺机摊铺时,摊铺机必须为同一机型,新旧程度和性能相近,以保证铺筑均匀、一致。

(2)面层压实前,禁止人员踩踏。一般不宜人工整修;若出现局部离析等特殊情况,应在技术人员指导下,由施工人员进场找补或更换混合料。

(3)在桥隧过渡段,应严格按照设计要求进行施工,提前做好工作面准备,处理好欠压实、松散、不平整等问题,并扫除松散材料和所有杂物。

(4)运料车辆在卸料更换时,应做到快捷、有序,以保证摊铺机料斗不脱料,尽量减少摊铺机料斗在摊铺过程中拢料。

(5)在路面狭窄和加宽部分、平曲线半径过小的匝道、斜交桥头等摊铺机不能摊铺的部位,可辅用人工摊铺混合料。人工摊铺应严格控制操作时间、松铺厚度、平整度等。

(6)PC 路面施工的最低气温应符合规范[5]要求,根据下卧层表面温度调整 PC 的最低摊铺温度。如遇特殊情况,需在低温情况下摊铺施工,为尽快达到 PC 压实时机,摊铺结束后采用工业燃油暖风机进行加速养生。

8.4.4 压实

1）机械设备

碾压机具组合及参数应根据试验路段确定。

2）压实时机的确定

初压的时机宜根据施工现场温度、湿度和催化剂用量确定，终压应在初压后 20min 内完成。20℃ 及 30℃ 条件下，不同湿度及催化剂用量所对应的最佳压实时间范围应符合表 8-4 和表 8-5 要求，最佳压实时间范围是计算值 ±10min。其他施工条件下的最佳压实时间宜参照式（8-2）进行计算。

$$t_1 = 402.6 - 5.7T - 1.3H - 162.2Y \tag{8-2}$$

式中：t_1——容留时间（min）；

Y——催化剂用量（%）；

T——环境温度（℃）；

H——环境湿度（%）。

20℃时最佳压实时间范围　　　　　　　　　　　　表 8-4

试验条件		最佳压实时间范围
湿度（%）	催化剂用量（%）	（min）
30	0.2	207～227
	0.4	175～195
	0.6	142～162
55	0.2	175～195
	0.4	142～152
	0.6	110～130
80	0.2	142～162
	0.4	110～130
	0.6	77～97

30℃时最佳压实时间范围　　　　　　　　　　　　表 8-5

试验条件		最佳压实时间范围
湿度（%）	催化剂用量（%）	（min）
30	0.2	150～170
	0.4	118～138
	0.6	85～105

续上表

| 试验条件 | | 最佳压实时间范围 |
湿度(%)	催化剂用量(%)	(min)
55	0.2	118~138
	0.4	85~105
	0.6	53~73
80	0.2	85~105
	0.4	53~73
	0.6	20~40

8.4.5 接缝处理

接缝处理参照《聚醚型聚氨酯混凝土路面铺装设计与施工技术规范》(DB11/T 2008—2022)或《公路桥面聚醚型聚氨酯铺装技术规程》(T/CECS G：K58-01—2020)的规定。

(1)纵向施工缝不应设置在纵隔板和U形肋与顶板的焊缝处。

(2)横向施工缝不应设置在横隔板处,宜采用45°斜接。

(3)施工缝的切割应符合下列规定:

①切缝前应预先画线,沿线切割。

②切缝后应清理废弃物。

③摊铺混凝土前,缝壁应涂刷防水黏结材料。

8.4.6 养生与开放交通

铺筑并碾压结束后的PC应在自然条件下养生,养生期间车辆不应通行,且养生前两天要避免雨水淋湿;开放交通时机的确定在第6章已做分析,相关方法参照第6章,并按照《聚醚型聚氨酯路面铺装设计与施工技术规范》(DB11/T 2008—2022)的有关规定进行。

(1)20℃及30℃条件下,PC铺装层施工完成后,所对应的开放交通时间应符合表8-6和表8-7。具体开放交通时间可根据不同温度、湿度和催化剂用量按照式(8-3)进行计算。

$$D_k = 1.5 \times 10^{-3} T^2 + 4.5 \times 10^{-5} H^2 - 1.6C^2 - 0.1T - 6.4 \times 10^{-3} H + 0.6C + 5.2$$

(8-3)

式中:D_k——开放交通时间(d);

T——环境温度(℃);

H——环境湿度(%);

C——催化剂用量(%)。

20℃条件下开放交通时间   表8-6

试验条件		开放交通时间
湿度(%)	催化剂用量(%)	(d)
30	0.2	4
	0.4	4
	0.6	4
	0.8	3
	1.0	3
55	0.2	4
	0.4	4
	0.6	4
	0.8	3
	1.0	3
80	0.2	4
	0.4	4
	0.6	4
	0.8	3
	1.0	3

30℃条件下开放交通时间   表8-7

试验条件		开放交通时间
湿度(%)	催化剂用量(%)	(d)
30	0.2	4
	0.4	4
	0.6	3
	0.8	3
	1.0	3

续上表

试验条件		开放交通时间（d）
湿度（%）	催化剂用量（%）	
55	0.2	4
	0.4	4
	0.6	3
	0.8	3
	1.0	3
80	0.2	4
	0.4	4
	0.6	3
	0.8	3
	1.0	3

（2）拌和生产时取一定量混凝土成型马歇尔试件，进行劈裂试验同步验证，当劈裂强度达到设计要求时即可开放交通。

（3）温度和湿度满足施工要求时，但急需开放交通的项目，其养生时间可通过试验调整催化剂用量来确定。

（4）在极端气温下需要施工的工程，需通过试验来确定开放交通时间及养生手段。

（5）养生期间车辆不应通行。

8.5 人行天桥桥面浇筑式 PC 铺装层施工

8.5.1 铺装面模板安装

人行天桥桥面浇筑式 PC 浇筑前应预先涂覆防水黏结层。涂覆完毕后，进行铺筑面模板安装，安装后应以高压空气喷除铺筑面上的细小杂物。模板应选用质地坚实、变形小、无腐朽、无扭曲、无裂纹的木材，侧模板厚度宜为 50mm，高度为铺装层的设计厚度，长度为桥长。两端的端模可采用 100mm × 100mm 方木，长度为桥宽。侧模倚靠在桥体边缘上，模板间连接要严密合缝，缝隙中填塞海绵条防止漏浆，并在边模内侧涂刷隔离油。

8.5.2 摊铺

楼梯及无障碍坡道铺装时,可采用传统铺装方式,如铺装防滑橡胶板、花岗岩防滑结构等,或采用固化速度更快的双组分浇筑式聚氨酯混凝土铺筑。

8.5.3 抹平

(1)PC 浇筑后进行人工抹平,抹平前应在刮平板上涂油。

(2)浇筑作业完毕,作业面上架立钢管焊制的马凳支架操作平台。

(3)人工采用短木抹子进行第一次抹面,用短木抹子找边和对桥上排水口、手孔井进行修饰抹平。随后采用 3m 刮杠找平,再用钢抹子进行二次抹面。

8.5.4 养生

浇筑式 PC 铺装层施工完成后,温度高于 20℃时宜养生 1d,低于 20℃时宜养生 3d,养生完成后可拆卸模板。

8.6 施工质量控制与验收

施工质量控制与验收参照《聚醚型聚氨酯路面铺装设计与施工技术规范》(DB11/T 2008—2022)的有关规定进行。

8.6.1 一般规定

(1)PC 铺装层施工应满足《公路沥青路面施工技术规范》(JTG F40—2004)中施工质量管理与检查验收的相关要求,确保施工质量。

(2)所有与工程建设有关的原始记录、试验检测及计算数据、汇总表格,必须如实记录和保存。

8.6.2 施工前的材料与设备检查

(1)各种材料都必须在施工前以"批"为单位进行检查,不符合规范[5]技术要求的材料不应进场。对各种矿料是指以同一料源、同一次购入并运至生产现场的相同规格材料为一"批";对胶结料是指从同一来源、同一次购入的同一规格的 PPU 为一"批"。材料试样的取样数量与频度按现行试验规程的规定进行检查。各种原材料的检测项目、检测频度及试验方法应符合表 8-8 的规定。

施工前原材料质量检测项目和检测频率 表 8-8

材料	检测项目	检测频度	试验方法
粗集料	外观,矿料品种	每批	—
	颗粒组成(筛分)	每批	JTG E20 T 0302
	矿料的破碎面积	每批	JTG E20 T 0346
	洛杉矶磨耗值	每批	JTG E20 T 0317
	压碎值	每批	JTG E20 T 0316
	表观密度	每批	JTG E20 T 0304
	吸水率	每批	JTG E20 T 0307
	针片状含量	每批	JTG E20 T 0312
	软石含量	每批	JTG E20 T 0320
	坚固性	每批	JTG E20 T 0314
	小于 0.075mm 颗粒含量	每批	JTG E20 T 0310
	磨光值	每批	JTG E20 T 0321
细集料	颗粒组成(筛分)	每批	JTG E20 T 0327
	吸水率	每批	JTG E20 T 0330
	表观密度	每批	JTG E20 T 0330
	坚固性	每批	JTG E20 T 0340
	砂当量	每批	JTG E20 T 0334
	亚甲蓝值	每批	JTG E20 T 0349
	小于 0.075mm 颗粒含量	每批	JTG E20 T 0333
填料	表观密度	每批	JTG E20 T 0352
	含水率	每批	JTG E20 T 0332
	外观	每批	—
	亲水系数	每批	JTG E20 T 0353
	加热安定性	每批	JTG E20 T 0355
	粒料范围	每批	JTG E20 T 0351
	塑性指数	每批	JTG E20 T 0354

材料	检测项目	检测频度	试验方法
胶结料	密度	每批	GB/T 4472
	吸水率	每批	GB/T 1034
	表干时间(25℃)	每批	GB/T 16777
	全干时间(25℃)	每批	
	拉伸强度(25℃)	每批	
防水黏结材料	黏结强度(25℃)	每批	JTG/T 3364-02 附录 B
	剪切强度(25℃)	每批	JTG/T 3364-02 附录 C
	表干时间(25℃)	每批	GB/T 16777
	全干时间(25℃)	每批	
	断裂伸长率	每批	
	透水性(0.3MPa,24h)	每批	

（2）施工前应检查各种材料的来源和质量。

（3）施工前应对拌和站、摊铺机、压路机等各种施工机械和设备进行调试，对机械设备的配套情况、技术性能、传感器计量精度等进行认真检查、标定，并得到监理的认可。

8.6.3 施工中的质量控制与完工后的检查验收

（1）施工过程中应按表 8-9 的规定进行质量检查。

铺装施工阶段质量检查要求　　　　　　　　　　表 8-9

检查项目	检查频度	质量要求或允许偏差	检查方法
钢桥面喷砂除锈	每2000m² 测 6 点	清洁度：≥Sa2.5 级	GB/T 8923.1
		粗糙度：60 ~ 100μm	GB/T 13288.5
下承层道面处理	每2000m² 测 6 点	构造深度宜为 0.4 ~ 0.8mm	JTG E20 T 0961
防锈漆厚度	每1000m² 测 3 处	80 ± 10μm	GB/T 13452.2
防水黏结材料洒布量	每1000m² 取 3 点	0.3 ~ 0.5kg/m²（误差 ±5%）	JTG E20 T 0982
外观	随时	表面平整密实,无轮迹、裂纹、推挤、离析或花料	目测
接缝	随时	紧密、平整、顺直、无跳车	目测、JTG E20 T 0931

续上表

检查项目		检查频度	质量要求或允许偏差	检查方法
矿料级配，与生产设计标准级配的差	0.075mm	每日每机上、下午各 1 次	± 2%	JTG E20 T 0725
	≤2.36mm		± 3%	
	≥4.75mm		± 4%	
胶结料用量，与生产配比的差		逐盘在线检测	± 0.3%	JTG E20 T 0721、T 0722
		逐机检查，每天汇总 1 次，取平均值评定	± 0.1%	
		每日每机上、下午各 1 次	− 0.1%，+ 0.2%	
马歇尔试验：稳定度、流值、密度、空隙率		每台拌和机 2 次/日	满足设计要求	JTG E20 T 0702、T 0709
车辙试验		必要时	不小于设计要求	JTG E20 T 0719
渗水试验		每幅每公里测 10 点	宜不大于 50mL/min	JTG E20 T 0971
压实度		每幅每公里测 10 点	马氏密度大于 98%（单点）	JTG E20 T 0925
平整度	σ	对每日铺筑的路段全线每车道连续测定，每 100m 计算 IRI 和 σ	1.2mm	JTG E20 T 0932、T 0933
	IRI		2.0m/km	
摩擦系数摆值		每 100m 测 1 点	满足设计要求	JTG E20 T 0964
构造深度				JTG E20 T 0961
松铺厚度		每 100m 测 5 点	0，+3mm	JTG E20 T 0912

（2）完工后应按表 8-10 的规定进行工程质量检查验收。

PPU 混合料铺装层质量及检查要求　　　　　　　　　　表 8-10

检查项目	检查频度	质量要求或允许偏差	检查方法
压实度	每幅每公里测 10 点	试验室标准密度的 96%（98%） 最大理论密度的 92%（94%） 试验段密度的 98%（99%）	JTG E20 T 0925
铺装层厚度	全路面或桥面	− 3 ~ 5mm	JTG E20 T 0912
摩擦系数摆值	每 500m² 测 1 点	符合设计要求	JTG E20 T 0964
渗水系数	每 500m² 测 1 点	≤50mL/min	JTG E20 T 0971
构造深度	每 500m² 测 1 点	符合设计要求	JTG E20 T 0961

续上表

检查项目	检查频度	质量要求或允许偏差	检查方法
平整度	纵向:每车道每100m 连续测10尺 横向:每50m测1横断面	纵向:≤5mm 横向:≤6mm	JTG E20 T 0931

8.7　本章小结

（1）本章确定了 PC 的总体施工过程,对施工前的准备、防水黏结层的施工、混合料的拌和、运输、摊铺、压实、接缝处理、养生及开放交通时机等做出了详细指导。

（2）本章确定了 PC 施工质量控制方法及验收标准。

9

工程案例

本章介绍了 PC 在北京市房山区良常路务滋村大桥钢桥面铺装、北京市昌平区西关环岛钢桥桥面维修铺装、北京市房易路新街桥水泥混凝土桥桥面铺装以及河南省濮阳台辉高速公路水泥路面铺装的应用。

9.1 北京市房山区良常路务滋村大桥钢桥面铺装

9.1.1 项目简介

北京市房山区良常路南延工程,北起琉璃河镇务滋村,南至京冀界(南白村),与河北省涿州市规划的京白路相接,共 5.9km。公路工程等级为一级,桥面设置双向四车道,总长度 2476m。其中务滋村大桥是新建连续钢箱梁桥,主桥长度为 42m + 70m + 42m,单幅宽度 11.75m,共 2 幅,桥面铺装体系如图 9-1 所示。

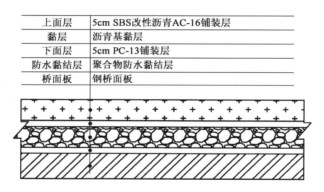

上面层	5cm SBS改性沥青AC-16铺装层
黏层	沥青基黏层
下面层	5cm PC-13铺装层
防水黏结层	聚合物防水黏结层
桥面板	钢桥面板

图 9-1 务滋村大桥钢桥面铺装体系示意图

9.1.2 PC 铺装厚度及防水黏结层设计

首先利用 ABAQUS 软件建立务滋村大桥 PC 钢桥面铺装结构三维有限元模型,模型布荷方式根据《公路桥涵设计通用规范》(JTG D60—2015)确定,通过有限元计算分析不同铺装层厚度、模量(温度)对层间受力状态的影响,并由此确定铺装层的厚度以及防水黏结层的技术要求。

9.1.2.1 有限元力学模型建立

1)有限元模型参数设置

根据务滋村大桥的设计施工图,可以利用 ABAQUS 有限元分析软件建立桥梁的三维有限元模型,模型采用三维八节点线性六面体的实体单元 C3D8R。防水黏结层厚度相对于铺装层而言很小,因此在有限元模型中不再单独设置防水黏结层。PC 铺装层厚度初拟为 50mm。将 PC 铺装层、钢桥面板、桥底板及不同位置的加劲肋、横隔板和腹板作为整体建立有限元模型,整体模型中各组成部分均采用线弹性模型。整体模型的参数见表 9-1,横断面图如图 9-2 所示。

务滋村大桥完整钢箱梁段桥梁模型参数　　　　　　　表 9-1

模型参数	厚度(mm)	弹性模量(MPa)	泊松比	数量
PC 铺装层	50	600	0.3	1
钢桥面板	16	210000	0.3	1
桥面板梯形加劲肋	8	210000	0.3	14
桥底板梯形加劲肋	12	210000	0.3	8
纵加劲肋	12	210000	0.3	16
普通横隔板	12	210000	0.3	70
端支点横隔板	24	210000	0.3	16
中支点横隔板	28	210000	0.3	4
腹板	16	210000	0.3	3
钢桥底板	20	210000	0.3	1

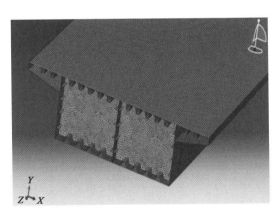

图 9-2　务滋村大桥钢箱梁桥横断面

2)模型简化

在计算分析时,由于桥梁模型构件要素多导致计算速度缓慢。因此为了提升计算效率,对桥梁模型进行简化。鉴于钢桥面铺装层的主要破坏形式与正交异性钢桥面板的局部变形密切相关[1],因此,在保留主要上部结构层与下部支撑构件的基础上对务滋村大桥模型进行简化。简化后纵桥向取 12m,横桥向取两个车道宽度 7.5m。简化后桥梁模型如图 9-3 所示,模型参数见表 9-2。

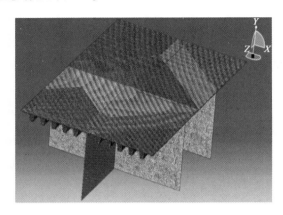

图 9-3　务滋村大桥简化后钢箱梁桥模型

务滋村大桥简化钢箱梁段桥梁模型参数　　　　表 9-2

模型参数	厚度(mm)	弹性模量(MPa)	泊松比	数量
PC 铺装层	50	600	0.3	1
钢桥面板	16	210000	0.3	1
梯形加劲肋	8	210000	0.3	10
普通横隔板	12	210000	0.3	2
腹板	16	210000	0.3	1

为验证简化模型的可靠性,对简化模型上任意一点施加 0.3MPa 的竖向荷载,边界条件设为桥梁两端固结,侧向无约束,计算层间应力应变,简化前后的结果对比见表 9-3。

务滋村大桥简化前后模型计算受力结果对比表　　　　表 9-3

荷载位置	铺装层底拉应力(MPa)		铺装层底拉应变 $\varepsilon(10^{-6})$		铺装层底面剪应力(MPa)		最大位移 (mm)
	纵桥向 δ_{ymax}	横桥向 δ_{xmax}	纵桥向 E_{ymax}	横桥向 E_{xmax}	纵桥向 τ_{ymax}	横桥向 τ_{xmax}	
整体模型	0.1145	0.3153	201.6	605.0	0.0302	0.2472	8.512
简化模型	0.1146	0.3156	201.8	606.5	0.0317	0.2446	8.544

表 9-3 的计算结果表明,模型简化后,横、纵桥向的剪应力、拉应变与拉应力都与简化前相差很小,层间应力-应变变化幅度在 2% 以内,因此证明模型简化方法可行,将以简化模型进行计算。

3）边界条件的确定

钢桥面板上的铺装层受力情况较为复杂，为了方便计算，在充分考虑铺装结构材料和模型结构特性的基础上，对有限元模型做如下假定：PC 是均匀、连续、各向同性的弹性材料，钢桥面板和铺装层的自重不计。研究表明[2]，钢箱梁桥梁边界条件一般设置为两端固结或铰接，侧向有约束或无约束，将上述方案组合后，代入模型进行计算，试验荷载为 0.3MPa 的竖向荷载，结果见表 9-4。

不同约束下模型计算受力结果对比（务滋村大桥）　　　　　　　表 9-4

约束类型	铺装层底拉应力（MPa）		铺装层底拉应变（με）		铺装层底面剪应力（MPa）	
	纵桥向 δ_{ymax}	横桥向 δ_{xmax}	纵桥向 E_{ymax}	横桥向 E_{xmax}	纵桥向 τ_{ymax}	横桥向 τ_{xmax}
两端固结侧向无约束	0.1146	0.3156	201.8	606.5	0.0317	0.2446
两端铰接侧向无约束	0.1147	0.3158	201.6	607.9	0.03176	0.2446
两端铰接侧向有约束	0.1201	0.3275	203.7	608.7	0.03178	0.2462

由表 9-4 可知，桥梁两端固结或铰接与侧向有无约束对桥梁层间受力影响十分有限，不同组合间应力变化幅度在 4% 以内，因此可以忽略这两种因素对桥面计算结果的影响。结合工程，最后将边界条件设为：铺装层及钢板四周铰接，横隔板底端固结，横向边缘无横向水平位移，纵向边缘无纵向位移。

4）计算参数设置

根据《公路桥涵设计通用规范》（JTG D60—2015），计算荷载采用汽-超 20 级，由于桥梁在服役过程中承受动载，考虑 30% 的冲击系数后将试验荷载定为 0.758MPa。研究表明[3]，钢桥面铺装层间受力最大条件为：层间设置设为 Tie 连接，水平力系数取最大值 0.5。

由于车轮荷载作用，横隔板和加劲肋上方会产生负弯矩，而负弯矩是产生层间应力的主要因素，因此在计算过程中，对轮压作用处、横隔板、腹板及加劲肋上方区域进行网格加密划分。

5）不利荷位确定

腹板区域层间最大剪应力为纵向剪应力，最大拉应力为横向拉应力。腹板区域横向荷位上的车轮荷载中心越靠近腹板，层间最大剪应力和拉应力越大，且最大应力都出现在腹板两侧，随着纵向距离的增加，层间应力相应增大，在距离横隔板 1.6m 处达到最大。因此，横向荷位为腹板中点、纵向荷位为距离横隔板 1.6m 处为腹板区域最不利荷位，腹板区域层间最大剪应力为 0.91MPa，层间最大拉应力为 0.97MPa。经过对比，腹板区域层间最大应力大于加劲肋区域[4]。因此，横向荷位为腹板中点、纵向荷位为距离横隔板 1.6m 处为务滋村大桥最不利荷位，务滋村大桥层间最大剪应力为 0.91MPa，拉应力为 0.97MPa。

6）层间抗拉强度与抗剪强度的确定

根据《公路钢桥面铺装设计与施工技术规范》（JTG/T 3364-02—2019）中对 25℃下桥面铺装组合结构层间拉拔强度与剪切强度的计算方法，并依据桥梁所属线路的公路等级系数和交通荷载等级修正系数，按照式（9-1）和式（9-2）计算务滋村大桥层间的拉拔强度，按照式（9-3）和式（9-4）计算务滋村大桥层间的剪切强度。

$$\delta_{rm} \geq \delta_d + Z_\alpha S \tag{9-1}$$

$$\delta_d = K_C K_J \delta_{st} \tag{9-2}$$

式中：δ_{rm}——实测组合结构试件界面拉拔强度平均值（MPa）；

$\quad\delta_d$——组合结构界面拉拔强度设计值（MPa），根据相关参数取 1.7；

$\quad Z_\alpha$——标准正态分布表中随保证率而变的系数，取 1.645；

$\quad S$——实测组合结构强度标准差，取 0.1；

$\quad K_C$——公路等级系数，一级公路取 1.35；

$\quad K_J$——交通荷载等级修正系数，重交通取 1.3；

$\quad\delta_{st}$——标准轴载作用下，保护层与钢桥面板间的界面拉拔强度标准值。

由于拉拔强度标准值小于层间最大拉应力 0.97MPa，因此可偏安全地将界面拉拔强度标准值取为 0.97MPa。

$$\tau_{rm} \geq \tau_d + Z_\alpha S \tag{9-3}$$

$$\tau_{rm} = K_C K_J \tau_{st} \tag{9-4}$$

式中：τ_{rm}——实测组合结构试件界面剪切强度平均值（MPa）；

$\quad\tau_d$——保护层与钢桥面板间的界面剪切强度平均值（MPa），根据相关参数取 1.6；

$\quad Z_\alpha$——标准正态分布表中随保证率而变的系数，这里取 1.645；

$\quad S$——实测组合结构强度标准差，取 0.08；

$\quad K_C$——公路等级系数，一级公路取 1.35；

$\quad K_J$——交通荷载等级修正系数，重交通取 1.3；

$\quad\tau_{st}$——标准轴载作用下，保护层与钢桥面板间的界面剪切强度标准值（MPa）。

由于剪切强度标准值小于层间最大剪应力，因此可偏安全地将剪切强度标准值取为

0.91MPa。

通过计算,可知务滋村大桥防水黏结层材料25℃时的拉拔强度需大于1.87MPa,剪切强度需要大于1.73MPa,否则黏结层可能发生破坏进而造成桥面铺装体系的破坏。因此,将拉应力1.87MPa和剪应力1.73MPa设为务滋村大桥常温下的层间拉拔与剪切强度指标。

由此可见,务滋村大桥层间应力低于表1-6所提出的防水黏结层技术要求。

9.1.2.2　层间应力影响因素分析

桥面铺装结构由铺装层与防水黏结层组成,铺装层厚度变化会直接影响层间受力。因此,对 PC 铺装层 20mm、30mm、40mm、50mm、60mm、70mm 和 80mm 七种厚度及200MPa、400MPa、600MPa、800MPa 和 1000MPa 五种模量的组合进行层间受力计算,结果见图9-4 和图9-5。

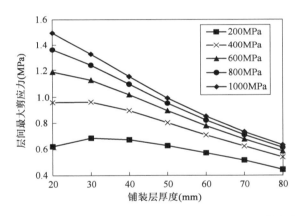

图9-4　务滋村大桥桥面铺装层模量、厚度对层间最大剪应力的影响

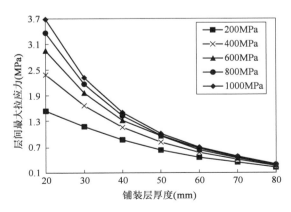

图9-5　务滋村大桥桥面铺装层模量、厚度对层间最大拉应力的影响

由图 9-4 和图 9-5 可知,当铺装层厚度在 20~50mm 之间时,层间剪应力和拉应力均随厚度的增加而快速减小,且厚度 50mm 的剪应力和拉应力仅为厚度 20mm 的 30%~40%。而当铺装层厚度超过 50mm 时,层间应力的变化受厚度影响不明显。在铺装层为 50mm 厚度的情况下,随着 PC 模量的提高,层间最大剪应力与拉应力相应增大,当铺装层模量由 200MPa 提高到 1000MPa 后,层间最大剪应力相应增加了 102%,最大拉应力增加了 71%。

综合考虑工程造价、高程控制等因素,务滋村大桥将铺装层厚度确定为 50mm。但由于原设计的铺装层厚度为 100mm,所以在 PC 上面仍然保留 50mm 的沥青混合料上面层。

9.1.3 PC 铺装体系材料基本性能及配合比设计

PC 铺装体系由防水黏结层和 PC 铺装层构成,其中,防水黏结层结构采用聚合物防水黏结层材料,PC 铺装层结构由 PPU 胶结料、环烷基催化剂及集料构成。本小节介绍了各组成材料的基本性能及 PC-13 的配合比设计。

9.1.3.1 防水黏结层材料性能

聚合物防水黏结层材料各项性能检测结果见表 9-5。

聚合物防水黏结层材料性能检测结果(务滋村大桥)　　　　表 9-5

检测项目	单位	检测结果	技术要求	试验方法
透水性(0.3MPa,24h)	—	不透水	不透水	GB/T 16777
表干时间(25℃)	min	80	≤100	
实干时间(25℃)	h	18	≤25	
断裂伸长率	%	168	≥150	
剪切强度(25℃)	MPa	5.3	≥4.0	JTG/T 3364-02 附录 C
黏结强度(25℃)	MPa	3.2	≥2.0	JTG/T 3364-02 附录 B

由表 9-5 可见,聚合物防水黏结层材料的各项技术指标符合技术要求,可以在工程中使用。

9.1.3.2 PC-13 铺装层材料性能

1)PPU 胶结料

PPU 胶结料各项性能检测结果见表 9-6。

PPU 胶结料性能检测结果（务滋村大桥）   表9-6

试验项目	单位	试验结果	技术要求	试验方法
密度	g/cm^3	1.2	实测	GB/T 4472—2011
拉伸强度(25℃)	MPa	8.5	≥5.0	GB/T 16777—2008
吸水率	%	0.4	≤4	GB/T 1034—2008

由表9-6可见，PPU胶结料的各项技术指标符合技术要求，可以在工程中使用。

2）催化剂

该工程采用环烷基催化剂，其技术要求见表9-7。

环烷基催化剂材料技术要求（务滋村大桥）   表9-7

试验项目	技术要求
外观	油状液体
性状	不腐蚀,无刺激性气味
固含量	≥99%

3）集料

该工程项目选用的粗集料为 10～15mm 和 5～10mm 档的玄武岩，细集料为 0～5mm 档的石灰岩机制砂，矿粉为石灰岩矿粉，产地均为北京。

按照《公路工程集料试验规程》（JTG E42—2005）对集料的性能指标进行检测。集料各项指标检测结果见表9-8～表9-10。

粗集料性能检测结果（务滋村大桥）   表9-8

试验项目	单位	试验结果		技术要求	试验方法
		5～10mm	10～15mm		
洛杉矶磨耗值	%	16.3	16.4	≤24	T 0317
压碎值	%	15.2	16.5	≤22	T 0316
吸水率	%	0.80	0.75	≤1.5	T 0308
针片状含量	%	4.1	4.5	≤5	T 0312
软石含量	%	0.7	0.5	≤2	T 0320
坚固性	%	3.4	4.1	≤10	T 0314
小于0.075mm 颗粒含量(水洗法)	%	0.8	0.5	≤0.8	T 0310
磨光值 PSV	—	56	53	≥42	T 0321

细集料性能检测结果(务滋村大桥)　　　　　　　　　表9-9

试验项目	单位	试验结果	技术要求	试验方法
吸水率	%	0.7	≤1.5	T 0330
表观密度	g/cm³	2.745	≥2.50	T 0308
坚固性	%	5	≤10	T 0340
砂当量	%	66	≥65	T 0334
小于0.075mm颗粒含量(水洗法)	%	1.4	≤2.0	T 0333

矿粉性能检测结果(务滋村大桥)　　　　　　　　　表9-10

试验项目		单位	实验结果	技术要求	试验方法
表观密度		g/cm³	2.742	≥2.50	T 0352
含水率		%	0.3	≤0.6	T 0103
外观		—	无团粒结块	无团粒结块	目测
亲水系数		—	0.6	<1	T 0353
加热安定性		—	无颜色变化	实测记录	T 0355
粒度范围	<0.6mm	%	100	100	T 0351
	<0.15mm		95	90~100	
	<0.075mm		86	75~100	
塑性指数		%	3.4	<4	T 0354

由表9-8~表9-10可知,集料的各项技术指标均符合《公路桥面聚醚型聚氨酯混凝土铺装技术规程》(T/CECS G K58-01—2020)的规定,可以在工程中使用。

9.1.3.3　PC-13配合比设计

1)级配设计

根据集料筛分结果,集料的级配组合确定为10~15mm:5~10mm:0~5mm:矿粉 = 24:25:45:6,如图9-6所示。

2)最佳胶石比的确定

根据经验选用7.0%作为胶石比中值,以±0.5%为梯度,选取5种胶石比成型试件,具体值分别为6.0%、6.5%、7.0%、7.5%和8.0%。试件养生完毕后,分别测定其各项性能,试验结果见表9-11。

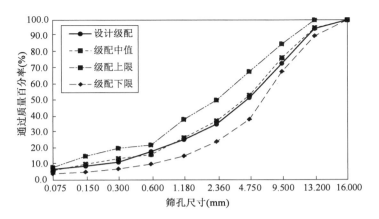

图 9-6　PC-13 合成级配曲线图(务滋村大桥)

PC-13 马歇尔试验结果(务滋村大桥)　　　　　　　　表 9-11

胶石比 (%)	毛体积 相对密度	空隙率 VV(%)	矿料间隙率 VMA(%)	饱和度 VFA(%)	稳定度 (kN)	流值 (0.1mm)
6.0	2.426	4.6	15.7	70.70	31.78	3.65
6.5	2.431	3.8	15.1	74.32	35.12	3.3
7.0	2.454	2.4	14.8	83.78	38.35	2.87
7.5	2.489	1.2	16	92.50	39.01	2.6
8.0	2.459	1.1	16.7	93.41	36.92	2.51
技术要求	实测	1.5~4	≤15	75~85	≥20	1.5~4

结果表明,胶石比为 7.0% 时,PC-13 的各项性能均满足技术要求。综合试验结果,确定 PC-13 的配合比为 10~15mm 集料:5~10mm 集料:0~5mm 集料:矿粉:PPU=24:25:45:6:7。

9.1.3.4　PC-13 性能检测

按照要求,生产施工前对胶石比为 7.0% 的 PC-13 进行了车辙试验、弯曲试验、冻融劈裂试验、渗水试验、路面摩擦系数试验及表面构造深度试验,检测结果见表 9-12。

PC-13 路用性能检测(务滋村大桥)　　　　　　　　表 9-12

试验项目	单位	试验结果	设计要求	试验方法
动稳定度(60℃,0.7MPa)	次/mm	57375	≥50000	T 0719
低温弯曲破坏应变(-10℃,50mm/min)	με	25864	≥12000	T 0715
冻融劈裂强度	MPa	1.9	≥1.0	T 0729
渗水系数	mL/min	基本不透水	≤50	T 0730
摩擦系数摆值	—	62	≥45	T 0964
构造深度	mm	0.62	≥0.55	T 0731

由表 9-12 可得,PC-13 的各项路用性能均满足设计要求。

9.1.4 施工过程

该工程施工时间为 2021 年 10 月 27 日至 11 月 4 日。气温在 5～18℃之间,相对湿度保持在 80% 以上。具体施工过程简介如下:

9.1.4.1 钢桥面抛丸除锈

1)抛丸除锈

大型车载抛丸机与小型抛丸机共同完成东、西两幅钢桥面的抛丸除锈。除锈后由第三方检测单位对粗糙度、清洁度进行检测,检测结果符合设计要求。

2)喷涂防锈漆

为防止钢桥面板再次生锈,必须在钢桥面抛丸除锈 4h 内喷涂防锈漆。防锈漆用量为 $0.4kg/m^2 \pm 0.05kg/m^2$,防锈漆全干时间为 24h,其间,保持防锈漆表面洁净。待防锈漆全干后由第三方检测单位测附着力、涂层厚度,检测结果符合设计要求。

9.1.4.2 桥面铺装

1)PPU 的分装及预拌

综合考虑拌和、装车、运输和摊铺等时间,按式(9-5)确定拌和所需环烷基催化剂用量:

$$Y = 2.48 - 0.035T - 0.008H - 0.006t_1 \tag{9-5}$$

式中:Y——环烷基催化剂用量(%);

T——环境温度(℃);

H——环境湿度(%);

t_1——施工容留时间(min)。

将定量的环烷基催化剂加入一部分 PPU 中混合均匀后,再添加进大桶 PPU 中。为了加快催化剂与 PPU 的反应,使用手扶式搅拌机搅拌,搅拌位置选取桶的上层和下层并搅拌至均匀,每桶持续搅拌 5min 左右。

2)PC 拌和生产

PC 采用常规的沥青拌和机进行拌和。PC 强度的形成受温度影响,由于集料温度过高会加快 PC 的固化反应速率,缩短施工容留时间。因此,集料经干燥处理后应降至常温再与 PPU 进行拌和,烘干后集料的残余含水率不应高于 1%。PC 宜在常温下拌制,拌和步骤为:先将催化剂和 PPU 胶结料混合搅拌均匀,再与集料进行拌和,拌和完成后的 PC 状态如图 9-7 所示。

图 9-7　拌和完成后的 PC 状态(务滋村大桥)

3)PC 运输

运输过程中料斗加盖帆布,防止空气与 PC 接触导致容留时间变短,并在使用后及时清扫干净。

4)防水黏结层施工

防水黏结层采用新型聚合物防水黏结层材料,用量为 $0.6kg/m^2 \pm 0.05kg/m^2$,在防水黏结材料表干前宜撒布粒径为 $5 \sim 10mm$ 的预拌碎石。碎石撒布量为 $5 \sim 6kg/m^2$。防水黏结层表干前任何车辆与人员均不宜进入防水黏结层区域,待防水黏结层表干后再进行 PC 摊铺。防水黏结层涂覆的相应技术要求见本书8.3 节。

5)PC 摊铺

防水黏结层材料分为表干和全干两种状态。防水黏结层材料在表干前还具有一定的流动性,若此时进行铺装作业,摊铺机的碾压会破坏防水黏结层;防水黏结层在全干后会变得光滑,丧失黏结性,若此时进行铺装作业,PC 铺装层与钢桥面板难以黏结成一个整体。因此,为了保证黏结层的施工质量,应在黏结层材料表干后、实干前进行 PC 的铺装作业,PC 摊铺过程如图 9-8 所示。

6)碾压

初压的时机宜根据施工现场温度、湿度和催化剂用量确定,终压应在初压后 20min 内完成。因为施工时气温在 $5 \sim 18℃$ 之间,施工条件下的最佳压实时间宜参照式(9-6)进行计算。

图 9-8　务滋村大桥 PC 摊铺

$$t_1 = 402.6 - 5.7T - 1.3H - 162.2Y \qquad (9-6)$$

式中：t_1——容留时间（min）；

$\quad$ Y——催化剂用量（%）；

$\quad$ T——环境温度（℃）；

$\quad$ H——环境湿度（%）。

碾压方式为钢轮压路机碾压往返一次，胶轮压路机碾压往返两次，最后钢轮压路机碾压收光，具体碾压方式如图 9-9 所示。

a)胶轮

b)钢轮

图 9-9　务滋村大桥 PC 碾压

7）接缝处理

摊铺完后，需对接缝进行处理。接缝处理的相应技术要求见本书 8.4.5 小节。

8）养生及开放交通

具体开放交通时间宜根据不同温度、湿度和催化剂用量按照式（9-7）进行计算。

$$D_k = 1.5 \times 10^{-3} T^2 + 4.5 \times 10^{-5} H^2 - 1.6C^2 - 0.1T - 6.4 \times 10^{-3} H + 0.6C + 5.2$$

$$(9\text{-}7)$$

式中：D_k——开放交通时间（d）；

      T——环境温度（℃）；

      H——环境湿度（%）；

      C——催化剂用量（%）。

9）质量检验与性能跟踪观测

完工后应对 PC-13 铺装层进行工程质量检查验收，检测结果见表 9-13。

务滋村大桥 PC-13 铺装层质量检查验收检测结果

表 9-13

检查项目	检测结果	质量要求或允许偏差	检查方法
压实度	95%	最大理论密度的93%	T 0924
铺装层厚度	51mm	−3 ~ +5mm	T 0912
摩擦系数摆值	58	符合设计要求	T 0964
渗水系数	40 mL/min	≤50mL/min	T 0971
构造深度	0.56mm	符合设计要求	T 0961
平整度	纵向：4mm 横向：5mm	纵向：≤5mm 横向：≤6mm	T 0931

由表 9-13 可知，PC-13 铺装层的各项检测结果均符合《公路路基路面现场测试规程》（JTG 3450—2019）要求。

在开放交通半年后，对 PC 桥面铺装层进行检测，各检测结果符合均符合要求，表明铺装层具有稳定的服役性能。

9.2 北京市昌平区西关环岛钢桥桥面维修铺装

9.2.1 项目简介

北京市昌平区西关环岛 11 号立交桥位于昌平区 S216 线 G6 辅路，是连接 G110 国道、八达岭高速公路和昌平城区东侧的一条主要通道。桥梁于 1987 年竣工通车，2011

年进行了改建,改建后上部结构为单跨简支钢结构工字梁,下部结构为重力式桥台。桥面横向由 10m 的机动车道和两个 1.5m 的人行道组成,总宽度为 13m,纵向全长为 17.2m。钢桥面原始铺装采用环氧树脂薄层(厚 1cm)+SMA-13(厚 5cm)结构,桥台处设置无缝伸缩缝;两侧设置人行车道和步道护栏,如图 9-10 所示。

图 9-10　西关环岛 11 号立交桥维修前桥面状况

钢桥在运营期间,桥面铺装层出现了开裂、推移、破损等病害。根据检测报告及现场踏勘病害情况,综合考虑结构病害情况,对该桥提出维修方案:首先,铣刨拆除全桥桥面旧铺装层(范围为两侧伸缩缝以内);其次,对钢桥面进行除锈并重做防水黏结层;最后,进行桥面铺装,铺装材料选用 PC-13 材料,铺装厚度为 6cm。桥面维修铺装结构体系如图 9-11 所示。

上面层	6cm PC-13铺装层
防水黏结层	聚合物防水黏结层
桥面板	钢桥面板

图 9-11　西关环岛 11 号立交桥钢桥面铺装体系示意图

9.2.2　PC 铺装体系材料基本性能及配合比设计

PC 铺装体系由防水黏结层和 PC 铺装层构成,其中,防水黏结层结构采用聚合物防水黏结层材料,PC 铺装层结构由 PPU 胶结料、环烷基催化剂及集料构成。本小节介绍了各组成材料的基本性能和 PC 配合比设计。

9.2.2.1 防水黏结层材料性能

聚合物防水黏结层材料各项性能指标见表9-14。

聚合物防水黏结层材料试验结果（西关环岛11号立交桥）　　　　表9-14

检测项目	单位	检测结果	技术要求	试验方法
透水性(0.3MPa,24h)	—	不透水	不透水	GB/T 16777
表干时间(25℃)	min	90	≤100	
实干时间(25℃)	h	18	≤25	
断裂伸长率	%	168	≥150	
剪切强度(25℃)	MPa	5.5	≥4.0	JTG /T 3364-02 附录 C
黏结强度(25℃)	MPa	3.5	≥2.0	JTG /T 3364-02 附录 B

由表9-14中可见,聚合物防水黏结层材料的各项技术指标符合技术要求,可以在工程中使用。

9.2.2.2 PC-13 铺装层材料性能

1）PPU 胶结料

PPU 胶结料各项性能检测结果见表9-15。

PPU 胶结料技术指标及检测结果（西关环岛11号立交桥）　　　　表9-15

试验项目	单位	试验结果	技术要求	试验方法
密度	g/cm³	1.2	实测	GB/T 4472
拉伸强度(25℃)	MPa	8.6	≥5.0	GB/T 16777
吸水率	%	0.4	≤4	GB/T 1034

由表9-15中可见,PPU 胶结料的各项技术指标符合技术要求,可以在工程中使用。

2）催化剂

该工程采用环烷基催化剂,催化剂要求符合表9-16的规定。

环烷基催化剂材料技术要求（西关环岛11号立交桥）　　　表9-16

试验项目	技术要求
外观	油状液体
性状	不腐蚀,无刺激性气味
固含量	≥99%

3）集料

该工程项目选用的粗集料为 10～15mm 和 5～10mm 档的玄武岩,细集料为 0～5mm

档的石灰岩机制砂,矿粉为石灰岩矿粉,产地均为北京。

按照《公路工程集料试验规程》(JTG E42—2005)对矿料的性能指标进行检测。集料各项指标试验结果见表 9-17 ~ 表 9-19。

粗集料性能检测结果(西关环岛 11 号立交桥) 表 9-17

试验项目	单位	试验结果		技术要求	试验方法
		5 ~ 10mm	10 ~ 15mm		
洛杉矶磨耗值	%	16.2	16.5	≤24	T 0317
压碎值	%	15.4	16.7	≤22	T 0316
吸水率	%	0.82	0.74	≤1.5	T 0308
针片状含量	%	4.2	4.3	≤5	T 0312
软石含量	%	0.6	0.4	≤2	T 0320
坚固性	%	3.5	4.2	≤10	T 0314
小于 0.075mm 颗粒含量(水洗法)	%	0.7	0.4	≤0.8	T 0310
磨光值 PSV	—	57	55	≥42	T 0321

细集料性能检测结果(西关环岛 11 号立交桥) 表 9-18

试验项目	单位	试验结果	技术要求	试验方法
吸水率	%	0.8	≤1.5	T 0330
表观密度	g/cm³	2.735	≥2.50	T 0308
坚固性	%	4	≤10	T 0340
砂当量	%	67	≥65	T 0334
小于 0.075mm 颗粒含量(水洗法)	%	1.5	≤2.0	T 0333

矿粉性能检测结果(西关环岛 11 号立交桥) 表 9-19

项目		单位	试验结果	技术要求	试验方法
表观密度	≥	g/cm³	2.732	2.50	T 0352
含水率	≤	%	0.2	0.6	T 0103
粒度范围	<0.6mm	%	100	100	T 0351
	<0.15mm		99.5	90 ~ 100	
	<0.075mm		97.8	75 ~ 100	
加热安定性		—	无颜色变化	实测记录	T 0355
塑性指数	<	%	3.5	4	T 0354
亲水系数	<		0.7	1	T 0353
外观		—	无团粒结块	无团粒结块	目测

由表9-17~表9-19可知,集料的各项技术指标符合《公路桥面聚醚型聚氨酯混凝土铺装技术规程》(T/CECS G K58-01—2020)的规定,可以在工程中使用。

9.2.2.3 PC 配合比设计

1)级配设计

根据集料筛分结果,集料的级配组合确定为 10~15mm:5~10mm:0~5mm:矿粉 = 24:25:45:6,如图9-12所示。

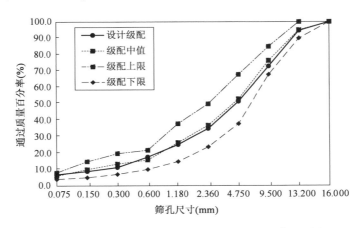

图9-12 PC-13 合成级配曲线图(西关环岛 11# 立交桥)

2)最佳胶石比的确定

根据经验选用7.0%作为胶石比中值,以 ±0.5% 为梯度,选取5种胶石比成型试件,具体值分别为 6.0%、6.5%、7.0%、7.5% 和 8.0%。试件养生完毕后,分别测定其各项性能,试验结果见表9-20。

PC-13 马歇尔试验结果(西关环岛 11# 立交桥)　　　　表9-20

胶石比 (%)	毛体积 相对密度	空隙率 VV(%)	矿料间隙率 VMA(%)	饱和度 VFA(%)	稳定度 (kN)	流值 (0.1mm)
6.0	2.421	4.9	17.3	71.9	31.78	3.65
6.5	2.431	3.8	14.8	74.32	35.12	3.4
7.0	2.454	2.3	14.6	84.25	38.35	2.87
7.5	2.489	1.3	16	92.50	39.01	2.6
8.0	2.459	1.1	16.7	93.41	36.92	2.51
技术要求	实测	1.5~4	≤15	75~85	≥20	1.5~4

结果表明,胶石比为7.0%时,PC-13的各项性能均满足技术要求。综合试验结果,确定PC-13的配合比为10~15mm集料:5~10mm集料:0~5mm集料:矿粉:PPU=24:25:45:6:7。

9.2.2.4 PC性能检测

按照要求,生产施工前对胶石比为7.0%的PC-13进行了车辙试验、弯曲试验、冻融劈裂试验、渗水试验、路面摩擦系数试验及表面构造深度试验,检测结果见表9-21。

PC-13路用性能检测(西关环岛11#立交桥)　　　　　　　　　　　　表9-21

试验项目	单位	试验结果	设计要求	试验方法
动稳定度(60℃,0.7MPa)	次/mm	57575	≥50000	T 0719
低温弯曲破坏应变(-10℃,50mm/min)	με	25864	≥12000	T 0715
冻融劈裂强度	MPa	1.8	≥1.0	T 0729
渗水系数	mL/min	基本不透水	≤50	T 0730
摩擦系数摆值	—	66	≥45	T 0964
构造深度	mm	0.63	≥0.55	T 0731

由表9-21可得,PC-13的各项路用性能均满足设计要求。

9.2.3 施工过程

该工程施工时间为2021年12月2—3日。由于昌平区西关环岛日间交通繁忙,为了避免出现交通堵塞,本工程在夜间11时至凌晨5时进行施工,施工现场气温在0℃左右,相对湿度在20%左右。由于施工期间气温过低,属于特殊条件下的施工,为此制订了专门的施工方案,并经过了专家论证。具体方案如下:

1)钢桥面除锈

人工打磨钢板除锈,然后清理桥面,提供防水涂层作业面。

2)桥面铺装

(1)加热PPU胶结料。PPU在低温条件下呈现黏稠状态,预先对PPU进行加热,使PPU拌和均匀。

(2)PPU的分装及预拌。综合考虑拌和、装车、运输、摊铺等时间,按式(9-5)确定拌和所需催化用量为1.24%。将定量催化剂加入一部分PPU中混合均匀后,再添加进大桶PPU中。为了加快催化剂与PPU的反应,使用手扶式搅拌机搅拌,搅拌位置选取桶的上层和下层并搅拌至均匀,每桶持续搅拌5min左右。

(3)PC拌和生产。PC采用沥青混合料拌和设备在常温下拌制。拌和步骤为:先将催化剂和 PPU 胶结料搅拌均匀,再与经干燥处理并降至常温状态的集料进行拌和。

（4）PC 运输。运输过程中料斗加盖帆布,防止空气与 PC 接触导致容留时间变短,并在使用后及时清扫干净。

（5）防水黏结层涂覆。聚合物防水黏结层材料用量为 $0.8kg/m^2$。由于施工温度较低,防水黏结层表干时间较长,使用工业加热器加快防水黏结层表干(图 9-13)。

图 9-13　西关环岛 11 号立交桥桥面防水黏结层涂覆及加热

（6）PC 摊铺。施工分为 2 个车道进行,左车道防水黏结层基本表干后,在防水黏结层表面撒布 PC-13 料以防止车轮打滑。为尽快达到 PC 的压实时机,摊铺结束后采用工业燃油暖风机进行加速养生(图 9-14)。

图 9-14　西关环岛 11 号立交桥桥面摊铺施工

（7）碾压。初压的时机宜根据施工现场温度、湿度和催化剂用量确定,终压应在初压后 20min 内完成。因为施工时气温在 0~8℃之间,施工条件下的最佳压实时间应参照式(9-6)进行计算,计算所得最佳压实时间为 107min。碾压方式为:钢轮压路机碾压往返一次,胶轮压路机碾压往返两次,最后钢轮压路机碾压收光。

（8）接缝处理。摊铺完后，需对接缝进行处理。接缝处理的相应技术要求见本书8.4.5小节。

（9）钢板铺设。为保证凌晨5时正常开放交通，PC铺装层在低温情况下需铺设钢板。

（10）质量检验及性能跟踪观测。完工后应对PC-13铺装层进行工程质量检查验收，检测结果见表9-22。

PC铺装层质量及检查要求 表9-22

检查项目	检测结果	质量要求或允许偏差	检查方法
压实度	98%	最大理论密度的93%	JTG 3450—2019 T 0924
铺装层厚度	63mm	−3 ～ +5mm	JTG 3450—2019 T 0912
摩擦系数摆值	58	符合设计要求	JTG 3450 —2019 T 0964
渗水系数	39 mL/min	≤50mL/min	JTG 3450—2019 T 0971
构造深度	0.56	符合设计要求	JTG 3450—2019 T 0961
平整度	纵向:5mm 横向:6mm	纵向:≤5mm 横向:≤6mm	JTG 3450—2019 T 0931

由表9-22可知，PC-13铺装层的各项检测结果均符合《公路路基路面现场测试规程》（JTG 3450—2019）要求。

开放交通后每月对其路用性能进行跟踪观测，至今使用状态良好。

9.3 北京市房易路新街桥水泥混凝土桥桥面铺装

9.3.1 项目简介

房易路新街桥为水泥混凝土桥梁，横跨大石河，是北京市房山区公路网的重要组成部分，作为房山平原西部的南北交通干线，交通量大，且有较多大型车辆经过。该桥长43m、宽6m，原桥面铺装层为6cm的沥青混凝土材料。

水泥混凝土桥在多年运营后，其原铺装层磨损严重，且部分区域出现了开裂等病害，严重影响了桥梁的正常服役性能。根据检测报告和现场勘察结果，综合考虑各方面因素后对该桥提出了中修的方案。方案具体为首先铣刨拆除全桥旧铺装层（范围为两侧伸缩缝以内）；其次对水泥混凝土桥面进行拉毛并重新涂覆防水黏结层；最后铺设6cm的PC-13铺装层。新铺桥面铺装体系如图9-15所示。

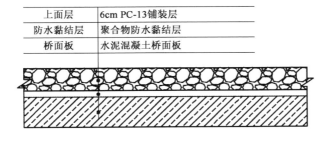

上面层	6cm PC-13铺装层
防水黏结层	聚合物防水黏结层
桥面板	水泥混凝土桥面板

图 9-15　新街桥水泥混凝土桥面铺装结构体系示意图

9.3.2　铺装体系材料基本性能及配合比设计

PC 铺装体系由防水黏结层和 PC 铺装层构成,其中,防水黏结层结构采用聚合物防水黏结层材料,PC 铺装层结构由 PPU 胶结料、环烷基催化剂及集料构成。本小节介绍了各组成材料的基本性能和 PC 配合比设计。

9.3.2.1　防水黏结层材料性能

聚合物防水黏结层各项性能指标检测结果见表 9-23。

聚合物防水黏结层材料检测结果(新街桥)　　　　表 9-23

检测项目	单位	检测结果	技术要求	试验方法
透水性(0.3MPa,24h)	—	不透水	不透水	GB/T 16777
表干时间(25℃)	min	90	≤100	
实干时间(25℃)	h	18	≤25	
断裂伸长率	%	168	≥150	
剪切强度(25℃)	MPa	5.3	≥4.0	JTG/T 3364-02 附录 C
黏结强度(25℃)	MPa	3.6	≥2.0	JTG/T 3364-02 附录 B

由表 9-23 可见,聚合物防水黏结层材料的各项技术指标符合技术要求,可以在工程中使用。

9.3.2.2　PC-13 铺装层材料性能

1)PPU 胶结料

PPU 胶结料各项性能检测结果见表 9-24。

PPU 胶结料性能检测结果(新街桥)　　　　　　　　　　表 9-24

试验项目	单位	试验结果	技术要求	试验方法
密度	g/cm³	1.2	实测	GB/T 4472—2011
拉伸强度(25℃)	MPa	9.7	≥5.0	GB/T 16777—2008
吸水率	%	2	≤4	GB/T 1034—2008

由表 9-24 可见,PPU 胶结料的各项技术指标符合技术要求,可以在工程中使用。

2)催化剂

该工程采用环烷基催化剂,催化剂要求符合表 9-25 的规定。

环烷基催化剂材料(新街桥)　　　　　　　　　　表 9-25

试验项目	技术要求
外观	油状液体
性状	不腐蚀,无刺激性气味
固含量	≥99%

3)矿料

该工程项目选用的粗集料为 10 ~ 15mm、5 ~ 10mm 档的玄武岩,细集料为 0 ~ 5mm 档的石灰岩机制砂,矿粉为石灰岩矿粉,产地均为北京。

按照《公路工程集料试验规程》(JTG E42—2005)对集料的性能指标进行检测。集料各项指标试验结果见表 9-26 ~ 表 9-28。

粗集料检测结果(新街桥)　　　　　　　　　　表 9-26

试验项目	单位	试验结果		技术要求	试验方法
		5 ~ 10mm	10 ~ 15mm		
洛杉矶磨耗值	%	16.4	16.6	≤24	T 0317
压碎值	%	15.3	16.5	≤22	T 0316
吸水率	%	0.80	0.75	≤1.5	T 0308
针片状含量	%	4.1	4.2	≤5	T 0312
软石含量	%	0.7	0.4	≤2	T 0320
坚固性	%	3.6	4.5	≤10	T 0314
小于 0.075mm 颗粒含量(水洗法)	%	0.7	0.5	≤0.8	T 0310
磨光值 PSV	—	55	52	≥42	T 0321

细集料检测结果(新街桥) 表 9-27

试验项目	单位	试验结果	技术要求	试验方法
吸水率	%	0.8	≤1.5	T 0330
表观密度	g/cm³	2.741	≥2.50	T 0308
坚固性	%	5	≤10	T 0340
砂当量	%	69	≥65	T 0334
小于 0.075mm 颗粒含量(水洗法)	%	1.6	≤2.0	T 0333

矿粉检测结果(新街桥) 表 9-28

试验项目		单位	实验结果	技术要求	试验方法
表观密度		g/cm³	2.745	≥2.50	T 0352
含水率		%	0.4	≤0.6	T 0103
外观		—	无团粒结块	无团粒结块	目测
亲水系数		—	0.8	<1	T 0353
加热安定性		—	无颜色变化	实测记录	T 0355
粒度范围	<0.6mm	%	100	100	T 0351
	<0.15mm		95	90 ~ 100	
	<0.075mm		85	75 ~ 100	
塑性指数		%	3.6	<4	T 0354

由表 9-26 ~ 表 9-28 结果可知,集料的各项技术指标符合规定,可以在工程中使用。

9.3.2.3 PC-13 配合比设计

1)级配设计

根据集料筛分结果,集料的级配组合确定为 10 ~ 15mm:5 ~ 10mm:0 ~ 5mm:矿粉 = 27:28:37:8,见表 9-29。

PC-13 合成级配(新街桥) 表 9-29

原材料筛分结果(%)					
筛孔尺寸(mm)	10 ~ 15mm	5 ~ 10mm	0 ~ 5mm	矿粉	合成级配(%)
16	100	100	100	100	100
13.2	95.3	100	100	100	98.8
9.5	26.1	97.9	100	100	80.2
4.75	0.07	13.5	98.8	100	50.17
2.36	0.05	0.3	78.6	100	38.32

续上表

原材料筛分结果(%)					
筛孔尺寸(mm)	10～15mm	5～10mm	0～5mm	矿粉	合成级配(%)
1.18	0.04	0.1	52.42	100	27.53
0.6	0.03	0.1	35.42	100	20.56
0.3	0.01	0.05	22	90	14.44
0.15	0.05	0.01	15.1	88	11.49
0.075	0.03	0.03	2.5	70	5.24
采用比例(%)	27	28	37	8	

2)最佳胶石比的确定

根据经验选用7.0%作为胶石比中值,以±0.5%为级差,选取5种胶石比成型试件,具体值分别为6.0%、6.5%、7.0%、7.5%和8.0%。试件养生完毕后,分别测定其各项性能,试验结果见表9-30。

PC-13 马歇尔试验结果(新街桥) 表9-30

胶石比 (%)	毛体积 相对密度	空隙率 VV(%)	矿料间隙率 VMA(%)	饱和度 VFA(%)	稳定度 (kN)	流值 (0.1mm)
6.0	2.431	4.6	15.6	70.70	32.78	3.62
6.5	2.431	3.8	14.8	74.32	35.12	3.3
7.0	2.462	2.3	14.5	84.14	38.45	2.87
7.5	2.489	1.2	16	92.50	39.01	2.6
8.0	2.459	1.1	16.8	93.41	36.92	2.51
技术要求	实测	1.5～4	≤15	75～85	≥20	1.5～4

结果表明,胶石比为7.0%时,PC-13的各项性能均满足技术要求。综合试验结果,确定PC-13的配合比为10～15mm集料:5～10mm集料:0～5mm集料:矿粉:PPU = 27:28:37:8:7。

9.3.2.4　PC 性能检测

按照要求,生产施工前对胶石比为7.0%的PC-13进行了车辙试验、弯曲试验、冻融劈裂试验、渗水试验、路面摩擦系数试验和表面构造深度试验,检测结果见表9-31。

PC-13 路用性能检测（新街桥）　　　　　　　表 9-31

试验项目	单位	试验结果	设计要求	试验方法
动稳定度（60℃,0.7MPa）	次/mm	57572	≥30000	T 0719
低温弯曲破坏应变（-10℃,50mm/min）	με	25765	≥10000	T 0715
冻融劈裂强度	MPa	1.9	≥0.8	T 0729
渗水系数	mL/min	基本不透水	≤50	T 0730
摩擦系数摆值	—	65	≥45	T 0964
构造深度	mm	0.64	≥0.55	T 0731

由表 9-31 可得,PC-13 的各项路用性能均满足设计要求。

9.3.3　施工过程

该工程施工时间为 2019 年 10 月 21—23 日,气温在 7 ~ 22℃ 之间,现场湿度在 20% 以上。具体施工方案简介如下:

1）PPU 的分装及预拌

综合考虑拌和、装车、运输、摊铺等时间,按式（9-5）确定拌和所需催化剂用量为 0.72%。将定量催化剂加入一部分 PPU 中混合均匀后,再添加进大桶 PPU 中。为了加快催化剂与 PPU 的反应,使用手扶式搅拌机搅拌,搅拌位置选取桶的上层和下层并搅拌至均匀,每桶持续搅拌 5min 左右。

2）PC 拌和生产

PC 采用沥青混合料拌和设备在常温下拌制。拌和步骤为:先将催化剂和 PPU 胶结料混合搅拌均匀,再与经干燥处理降至常温状态的集料进行拌和。

3）PC 运输

运输过程中料斗加盖帆布,防止空气与 PC 接触导致容留时间变短,并在使用后及时清扫干净。

4）防水黏结层涂覆

桥面处理及防水黏结层施工:将铣刨后的水泥混凝土桥面吹扫洁净,保证无浮灰和水泥浮浆,然后洒布防水黏结材料,用量宜为 0.6kg/m² ±0.05kg/m²,待防水黏结层表干后洒布 5 ~ 10mm 石屑,用量为满铺量的 65% ~ 75%。石屑撒布如图 9-16 所示。

5）PC 摊铺

为了保证黏结层的施工质量,所以选择在黏结层材料表干后、实干前进行 PC 的铺装作业,并在摊铺过程中随时测量 PC 的温度,以确定最终的压实时间,PC 摊铺过程如图 9-17 所示。

图 9-16 石屑洒布（新街桥）　　　　　图 9-17　PC 摊铺（新街桥）

6）碾压

初压的时机宜根据施工现场温度、湿度和催化剂用量确定，终压应在初压后 20min 内完成。因为施工时气温在 7～22℃之间，施工条件下的最佳压实时间宜参照式(9-6) 进行计算，计算所得最佳压实时间为 146～162min。对于两侧桥头之间的部位，首先采用双钢轮大型压路机碾压往返两次，然后碾压收光；对于两侧桥头部位，采用双钢轮小型压路机对进行碾压整平。碾压过程如图 9-18 所示。

a)大型钢轮压路机　　　　　　　　　　b)小型钢轮压路机

图 9-18　PC 碾压（新街桥）

7）养生

碾压完成的 PC 常温养生 7d 后开放交通。

8）质量检验

完工后应对 PC-13 铺装层进行工程质量检查验收，检测结果见表 9-32。

PC-13 铺装层质量检查验收（新街桥）　　　　　表 9-32

检查项目	检测结果	质量要求或允许偏差	检查方法
压实度	95%	最大理论密度的93%	T 0924
铺装层厚度	62mm	$-3 \sim +5$mm	T 0912
摩擦系数摆值	58	符合设计要求	T 0964
渗水系数	40mL/min	≤50mL/min	T 0971
构造深度	0.56	符合设计要求	T 0961
平整度	纵向：4mm 横向：6mm	纵向：≤5mm 横向：≤6mm	T 0931

由表 9-32 可知，PC-13 铺装层的各项检测结果均符合《公路路基路面现场测试规程》（JTG 3450—2019）要求。在开放交通一段时间后，对 PC 桥面铺装层进行检测，各检测结果符合均符合要求，表明铺装层具有稳定的服役性能。

9.3.4　性能跟踪

在开放交通半年后，对 PC 桥面铺装层进行病害检测，发现铺装层整体上无车辙、裂缝、推移、剥落等病害，路表状况如图 9-19 所示。但是在摊铺机起步位置，由于接缝及桥面板凹凸不平、防水黏结层涂覆量过大且在其未干燥时进行了铺装施工，铺装层局部出现了松散脱落的现象，如图 9-20 所示。

图 9-19　新街桥开放交通半年后 PC 桥面路表状况　　图 9-20　新街桥开放交通半年后 PC 桥面局部松散

9.4　河南省濮阳台辉高速公路水泥路面铺装

9.4.1　项目简介

台辉（台前至辉县）高速公路长约 37.5km，双向通行 6 车道，设计速度 120km/h。该工程位于台辉高速公路台前收费站出入口处,铺装层长50m、宽10m,总面积约500m²,该出入口交通量大,且大型车辆居多。

该项目为水泥路面加铺工程,首先对水泥路面进行铣刨和拉毛,然后涂覆防水黏结层,最后加铺厚度为4cm的PC-13,路面结构体系如图9-21所示。

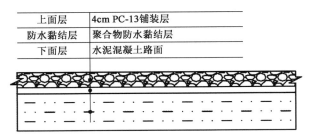

图9-21　台辉高速公路加铺路面铺装体系示意图

9.4.2　PC铺装体系材料基本性能及配合比设计

PC铺装体系由防水黏结层和PC铺装层构成,其中,防水黏结层结构采用聚合物防水黏结层材料,PC铺装层结构由PPU胶结料、环烷基催化剂及集料构成。本小节介绍了各组成材料的基本性能和PC配合比设计。

9.4.2.1　防水黏结层材料性能

聚合物防水黏结层材料各项性能指标见表9-33。

防水黏结层材料试验结果(台辉高速公路)　　　　　表9-33

检测项目	单位	检测结果	技术要求	试验方法
透水性(0.3MPa,24h)	—	不透水	不透水	GB/T 16777
表干时间(25℃)	min	90	≤100	
实干时间(25℃)	h	18	≤25	
断裂伸长率	%	168	≥150	
剪切强度(25℃)	MPa	5.2	≥4.0	JTG/T 3364-02 附录C
黏结强度(25℃)	MPa	3.3	≥2.0	JTG/T 3364-02 附录B

由表9-33中可见,防水黏结层材料的各项技术指标符合技术要求。

9.4.2.2　PC各组成材料基本性能

1)PPU胶结料

PPU胶结料技术指标和检测结果见表9-34。

PPU 胶结料技术指标及检测结果(台辉高速公路)　　　　表 9-34

试验项目	单位	试验结果	技术要求	试验方法
密度	g/cm³	1.2	实测	GB/T 4472
拉伸强度(25℃)	MPa	8.7	≥3.0	GB/T 16777
吸水率	%	0.5	≤4	GB/T 1034

由表 9-34 中可见,PPU 胶结料的各项技术指标符合技术要求,可以在工程中使用。

2)催化剂

该工程采用环烷基催化剂,催化剂要求符合表 9-35 的规定。

环烷基催化剂材料技术要求(台辉高速公路)　　　　表 9-35

试验项目	技术要求
外观	油状液体
性状	不腐蚀,无刺激性气味
固含量	≥99 %

3)集料

该工程项目选用的粗集料为 10～15mm 和 5～10mm 档的玄武岩,细集料为 0～5mm 档的石灰岩机制砂,矿粉为石灰岩矿粉,产地均为北京。

按照《公路工程集料试验规程》(JTG E42—2005)对矿料的性能指标进行检测。原材料各项指标试验结果见表 9-36 ～ 表 9-38。

粗集料性能测试结果(台辉高速公路)　　　　表 9-36

试验项目	单位	试验结果		技术要求	试验方法
		5～10mm	10～15mm		
洛杉矶磨耗值	%	15.8	16.7	≤24	T 0317
压碎值	%	15.8	16.5	≤22	T 0316
吸水率	%	0.88	0.73	≤1.5	T 0308
针片状含量	%	4.5	4.2	≤5	T 0312
软石含量	%	0.7	0.4	≤2	T 0320
坚固性	%	3.8	4.4	≤10	T 0314
小于0.075mm 颗粒含量(水洗法)	%	0.6	0.4	≤0.8	T 0310
磨光值 PSV	—	63	57	≥42	T 0321

细集料性能测试结果(台辉高速公路)　　　　　　　　表 9-37

试验项目	单位	试验结果	技术要求	试验方法
吸水率	%	0.9	≤1.5	T 0330
表观密度	g/cm³	2.695	≥2.50	T 0308
坚固性	%	5	≤10	T 0340
砂当量	%	66	≥65	T 0334
小于 0.075mm 颗粒含量(水洗法)	%	1.6	≤2.0	T 0333

矿粉性能测试结果(台辉高速公路)　　　　　　　　表 9-38

试验项目		单位	实验结果	技术要求	试验方法
表观密度		g/cm³	2.810	≥2.50	T 0352
含水率		%	0.2	≤0.6	T 0103
外观		—	无团粒结块	无团粒结块	目测
亲水系数		—	0.8	<1	T 0353
加热安定性		—	无颜色变化	实测记录	T 0355
粒度范围	<0.6mm	%	100	100	T 0351
	<0.15mm	%	95	90~100	
	<0.075mm	%	85	75~100	
塑性指数		%	3.6	<4	T 0354

由表 9-36~表 9-38 结果可知,集料的各项技术指标均符合《公路桥面聚醚型聚氨酯混凝土铺装技术规程》(T/CECS G K58-01—2020)的规定,可以在工程中使用。

9.4.2.3　PC 配合比设计

1)矿料级配确定

根据集料筛分结果,集料的级配组合确定为 10~15mm:5~10mm:0~5mm:矿粉 = 26:24:44:6,如图 9-22 所示。

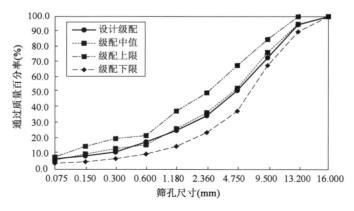

图 9-22　PC-13 合成级配曲线图(台辉高速公路)

2）最佳胶石比的确定

根据经验选用 7.0% 作为胶石比中值，以 ±0.5% 为梯度，选取 5 种胶石比成型试件，具体值分别为 6.0%、6.5%、7.0%、7.5% 和 8.0%。试件养生完毕后，分别测定其各项性能，试验结果见表9-39。

PC-13 马歇尔试验结果（台辉高速公路）　　表9-39

胶石比（%）	毛体积相对密度	空隙率 VV（%）	矿料间隙率 VMA（%）	饱和度 VFA（%）	稳定度（kN）	流值（0.1mm）
6.0	2.419	4.6	15.6	70.70	31.78	3.65
6.5	2.431	3.8	14.8	74.32	35.12	3.3
7.0	2.454	2.6	14.6	82.19	38.35	2.85
7.5	2.486	1.3	16	92.50	39.01	2.6
8.0	2.459	1.1	16.7	93.41	36.92	2.51
技术要求	实测	1.5～4	≤15	75～85	≥20	1.5～4

结果表明，聚氨酯用量为 7.0% 时，PC-13 的各项性能满足要求。综合试验结果，确定 PC-13 的配合比为 10～15mm 集料:5～10mm 集料:0～5mm 集料:矿粉:PPU ＝26:24:44:6:7。

9.4.2.4　PC-13 性能检测

按照要求，生产施工前对胶石比为 7.0% 的 PC-13 进行了车辙试验、弯曲试验、冻融劈裂试验、渗水试验、路面摩擦系数试验及表面构造深度试验，检测结果见表9-40。

PC-13 路用性能检测结果（台辉高速公路）　　表9-40

试验项目	单位	试验结果	设计要求	试验方法
动稳定度（60℃,0.7MPa）	次/mm	58467	≥25000	T 0719
低温弯曲破坏应变（-10℃,50mm/min）	με	15664	≥8000	T 0715
剩余冻融劈裂强度	MPa	1.9	≥0.6	T 0729
渗水系数	mL/min	基本不透水	≤50	T 0730
摩擦系数摆值	—	64	≥45	T 0964
构造深度	mm	0.67	≥0.55	T 0731

由表 9-40 可得，PC-13 的各项路用性能均满足设计要求。

9.4.3　施工过程

该工程施工时间为 2020 年 10 月 24—27 日。气温在 8～23℃ 之间，相对湿度保持在 37% 以上。具体施工方案简介如下：

1）PPU 的分装及预拌

综合考虑拌和、装车、运输和摊铺等时间，按式（9-5）确定拌和所需催化用量为0.58%。将定量催化剂加入一部分 PPU 中混合均匀后，再添加进大桶 PPU 中。为了加快催化剂与 PPU 的反应，使用手扶式搅拌机搅拌，搅拌位置选取桶的上层和下层并搅拌至均匀，每桶持续搅拌 5min 左右。

2）PC 拌和生产

PC 采用沥青混合料拌和设备在常温下拌制。拌和步骤为：先将催化剂和 PPU 胶结料搅拌均匀，再与经干燥处理并降至常温状态的集料进行拌和。

3）PC 运输

运输过程中料斗加盖帆布，防止空气与 PC 接触导致容留时间变短，并在使用后及时清扫干净。

4）防水黏结层涂覆

防水黏结材料涂覆前先将铣刨后的路面吹扫洁净，黏结层材料按 $0.6kg/m^2$ 均匀涂覆。防水黏结层涂覆后，在摊铺 PC 前应避免施工人员和施工设备入场，以保证黏结层的施工质量，防水黏结层涂覆情况如图 9-23 所示。

图 9-23　台辉高速公路防水黏结层涂覆

5）PC 摊铺

防水黏结层材料分为表干和全干两种状态。防水黏结层材料在表干前还具有一定的流动性，若此时进行铺装作业，摊铺机的碾压会破坏防水黏结层；防水黏结层在全干后会变得光滑，丧失黏结性，若此时进行铺装作业，PC 铺装层与钢桥面板难以黏结成一个整体。因此，为了保证黏结层的施工质量，应在黏结层材料表干后、实干前进行 PC 的铺装作业，PC 摊铺过程如图 9-24 所示。

图 9-24 台辉高速公路 PC 摊铺

6）碾压

初压的时机宜根据施工现场温度、湿度和催化剂用量确定,终压应在初压后 20min 内完成。因为碾压施工时气温在 20℃以上,相对湿度保持在 37％以上,施工条件下的最佳压实时间应参照式(9-6)进行计算,计算所得最佳压实时间为 152min。

碾压方式为先用钢轮压路机震动压实两遍,然后静压收光一遍,接着用钢轮压路机对桥头部位进行静压整平,然后胶轮压路机碾压两遍进行整平最后采用钢轮压路机碾压收光。PC 碾压过程如图 9-25 所示。

图 9-25 台辉高速公路 PC 碾压

7）养生

PC 铺装层在摊铺压实完成后需进行养生(图 9-26),并参考式(9-7)计算铺装层所需的开放交通时间。铺装层养生 3d 后在路面上取芯后做劈裂试验,测得所取芯样的劈裂强度均值为 2.26MPa(>2.12MPa),可以开放交通。

图 9-26 台辉高速公路 PC 铺装层养生

8)质量检验

完工后应对 PC-13 铺装层进行工程质量检查验收,检测结果见表9-41。

台辉高速公路 PC 铺装层质量及检查要求 表 9-41

检查项目	检测结果	质量要求或允许偏差	检查方法
压实度	95%	最大理论密度的92%	T 0924
铺装层厚度	42mm	- 3 ~ +5mm	T 0912
摩擦系数摆值	58	符合设计要求	T 0964
渗水系数	38mL/min	≤50mL/min	T 0971
构造深度	0.57	符合设计要求	T 0961
平整度	纵向:4mm 横向:4mm	纵向:≤5mm 横向:≤6mm	T 0931

由表9-41可知,PC-13 铺装层的各项检测结果均符合《公路路基路面现场测试规程》(JTG 3450—2019)要求。

9.4.4 性能跟踪

为了验证室内试验确定的 PC-13 开放交通强度的工程可靠性,对开放交通后的试验路进行性能的持续观测。试验路开放交通 2 年后,对其表面功能(包括平整度、构造深度、摩擦系数摆值、渗水系数)进行了检测,结果见表9-42。现场观察及检测结果表明,运营 2 年来铺装体系性能稳定,且各检测结果符合规范要求。

台辉高速公路开放交通后路面性能检测结果　　表 9-42

检测项目	检测结果	技术要求	检测方法
平整度(mm)	3.0	≤5	JTG E60—2008 T 0931
渗水系数(mL/min)	完全不渗水	≤50	JTG E20—2011 T 0730
摩擦系数摆值	72	≥45	JTG E60—2008 T 0964
构造深度(mm)	0.74	≥0.55	JTG E20—2011 T 0731

9.5　本章小结

本章结合实际工程应用对前几章末的研究结论进行了验证,以确保其工程实用性及可靠性。主要结论如下:

(1)依据马歇尔试验结果,结合当地交通与气候特点,确定了实体工程所采用的级配及最佳胶石比。

(2)对工程所用原材料和 PC 的性能进行检测,结果表明其性能满足要求。

(3)按照所提出的生产及施工工艺,以及碾压及开放交通时机进行了施工和交通管理。对开放交通后的试验路进行性能的持续观测,观测结果符合规范要求,工程应用状况良好。

本章参考文献

[1] 王滔,徐恭义,常城.大跨径低刚度钢桥面铺装三维仿真力学分析[J].重庆交通大学学报(自然科学版),2020,39(9):67-73.

[2] 王洋,邵旭东,陈杰.重度疲劳开裂钢桥桥面的 UHP 加固技术[J].土木工程学报,2020,53(11):92-101,115.

[3] 赵锋军,李宇峙,易伟建.钢桥面铺装防水黏结层抗剪问题研究[J].公路交通科技,2007(2):37-39.

[4] 李威睿.北京务滋村大桥聚合物混凝土桥面铺装层间力学响应分析与黏层材料性能评价[D].北京:北京建筑大学,2021.